5G商用

商业变革+模式创新+行业应用

施晨阳 著

化学工业出版社
·北京·

内容简介

本书从5G概念、特点、发展历程、技术原理与创新、优势与突破等基本方面讲起，结合AI、智能制造、智能物流、医疗、农业、教育、交通运输业、新媒体等行业实际，阐述5G技术在多个领域的具体应用，以做到5G新技术与行业实战的深度融合，指导各行各业人士认识、学习5G关键与核心技术，利用5G新技术推动并深化行业技术、模式创新和产业升级变革，抓住机遇，实现5G落地，赋能新基建。

本书脉络清晰，文字简明，并配有大量案例、图表，让读者一看即懂，不仅可供从事5G技术研究、标准制定、产品与业务研发的专业人员，以及未来的网络规划设计、网络建设人员阅读，还可供高等学校网络规划设计等相关专业的师生，所有关心5G移动通信和新基建的普通大众参考。

图书在版编目（CIP）数据

5G商用：商业变革+模式创新+行业应用/施晨阳著.—北京：化学工业出版社，2021.8
ISBN 978-7-122-39036-3

Ⅰ.①5… Ⅱ.①施… Ⅲ.①第五代移动通信系统 Ⅳ.①TN929.53

中国版本图书馆CIP数据核字（2021）第078520号

责任编辑：卢萌萌
加工编辑：吴开亮
责任校对：边 涛
装帧设计：王晓宇

出版发行：化学工业出版社
（北京市东城区青年湖南街13号 邮政编码100011）
印 装：大厂聚鑫印刷有限责任公司
710mm×1000mm 1/16 印张11 3/4 字数206千字
2022年1月北京第1版第1次印刷

购书咨询：010-64518888
售后服务：010-64518899
网 址：http://www.cip.com.cn
凡购买本书，如有缺损质量问题，本社销售中心负责调换。

定 价：58.00元

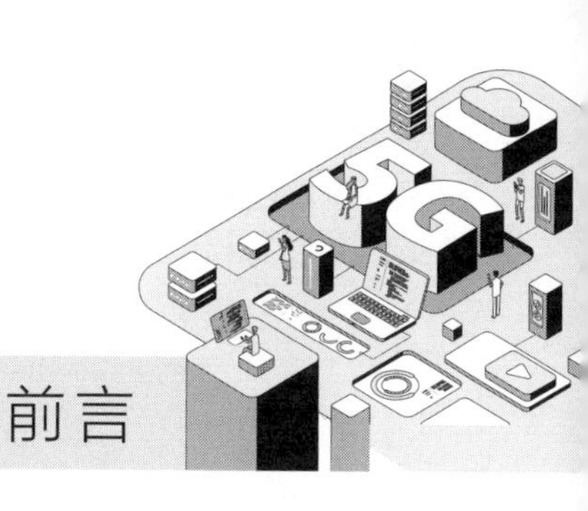

前言

移动通信技术从20世纪80年代的第1代，经过几十年的发展，至2019年已经进入到第5代。第5代移动通信技术也就是我们常说的5G，在前几代通信技术的基础上，有了更快的网速、更低的时延和更强的链接能力。如果说，5G之前的通信技术改变的只是人们局部的生活、生产、学习和社交，那么，5G将全面、深入影响各行业，改变整个社会和经济。

我国于2019年6月6日颁布5G商用牌照，并开始在交通、教育、农业、医疗、物流、制造业、媒体等多个垂直行业试行。5G商用标志着移动通信技术在实际应用中步入了一个新时代，本书正是基于此而组织。全书共分为12章，内容从最基本的5G概念、发展历程、特点、技术原理、优势，直至在各行业中的实际应用。通过本书，读者既能对5G有一个明确认识、基本了解，又能从5G技术在不同行业的商业落地中学习经验。

本书侧重介绍5G技术在商业领域的应用，与行业的深度融合是本书的重点、亮点。例如，在医疗方面，详细介绍了5G是如何解决看病难、治病难问题的。5G技术可实现远程专家会诊，病人即使不去医院，也能得到专家的会诊。又如，在农业方面，介绍了如何快速发展5G智慧农业，利用基于5G新技术实时采集农作区域的温度、湿度、酸碱度、光照强度等相关数据，并将数据上传到终端，随时改善农作区域的生长环境，让农作物生长在最健康的环境中。再如，在教育方面，介绍了利用5G技术开展场景化教学，提高教学效率，将带给学生更多的课堂乐趣。

总之，5G正在深刻改变着大众的生产、生活和学习。本书可帮助读者更加深刻地认识到5G新技术带来的便利，利用5G提高生活质量和工作效率。本书脉络清晰，文字简明，化繁为简，化专业为通俗，并配有大量典型案例、图表，可读性大大增强，以便读者一看即懂。

需要注意的是，5G虽然已经正式投入商用，但很多方面还不够完善，加之很多人对5G技术的认识尚有不足，要想真正实现全面落地还有很长的路要走。

限于时间和水平，书中难免存在疏漏和不足之处，敬请广大读者批评指正。

目录

  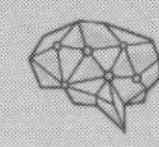  

第1章 快速崛起的5G

2019年6月6日，我国正式进入5G商用时代，这一年也被誉为5G商用元年。中国移动、中国电信、中国联通三大运营商先后建设了几十万个5G基站，极大地推动了5G技术在国内的发展，很多企业也开始利用5G技术拓展业务。

1.1 5G应用：打造万物互联的应用场景

1.1.1 万物互联成为现实

一提到5G，很多人第一反应是更快的上网速度，更流畅的上网体验，看视频更方便了。其实不仅如此，5G带来的改变不止网速的提升，更是由于网络技术的飞速提升，带来的生产、生活、工作、学习方式的改变。

在5G时代，可以预见的一个重要场景就是万物互联（Internet of Everything，IOE）。借助5G的出色传输效果，将数据实时传输，5G网络下的万事万物联结在一个链条中。有了这一链条，很多人、事、物、数据都将发生变化，人与人、人与物、物与物之间的关系也会发生变化。

万物互联的全场景智能化生活，这种前所未有的体验，只有身处5G时代才会有切身的体会。例如，未来家电产业可能会兴起智能化的浪潮，智能家居将走进千家万户。

5G通过传感器技术和高性能通信模块，让越来越多的家用产品进入智能联网时代。利用5G网络，我们只要通过个人的手持终端，就能够无缝衔接全部的家用电子设备。远程控制自己家中的电器和电子设备，电视、电脑会呈现对眼睛最好的亮度和强度，电饭煲煮饭时会提醒饭熟了，冰箱会提示哪些食物即将过期或者腐烂。所有家电都可以通过低功耗的无线网络、传感器，在人工智能的协调下，实现全家居的智能管理。

将万物互联是5G技术很重要的一个应用场景。那什么是万物互联呢？与5G是如何发生关系的呢？接下来我们将进行一一解读。

（1）什么是万物互联

所谓万物互联，权威资料对它的定义是：将人、流程、数据和事物结合在一起，使得网络连接变得更加相关，更有价值。通俗一点讲，就是在5G时代，每个物件（包括人在内）都装有传感器，可即时将所收集到的信息上传到各相关领域，通过控制器去执行相关指令。

（2）5G与万物互联的关系

5G与万物互联的关系，可以这样理解：它就像催化剂，在万物互联的过程中只起到提速的作用，并不会改变人、物、信息、数据的性质。从通信的角度讲，万物互联是一个非常复杂的过程，5G充分利用了自身高速、低时延（延迟）的特性，使信息的采集和应用得到即时响应。

为了更好地理解，我们通过一个日常生活中的实例来解读。

不少家庭用过净水器，但净化出的水是否达标呢？要想做鉴定，就目前的条件来看成本是很高的。因为这需要借助水质传感器进行分析，而这个传感器不仅有硬件部分，还有分析软件部分，提升成本的正是软件部分。软件系统将传感器采集到的信息传送到净水器的控制主板上是一项高精技术，实操性很差，因此并没有得到广泛应用。

在5G时代，软件部分承担的工作就可以分离出去，5G技术通过网络将采集到的信息上传到厂家的分析服务器，结果出来后再反馈到净水器的显示界面。如果厂家将分析结果还发给相关净水耗材部门，或许净水器的界面会直接显示相关耗材的优惠信息。这样，净水器的成本就大大降低了。

通过上述案例，我们可以对5G与万物互联的关系有进一步的了解。5G通过场景开放，将核心技术与场景深度结合，可以开发新技术、新产品、新模式、新渠道，也就是所谓新业态。

通信技术是物联网大规模部署的关键所在。4G极大丰富了移动互联网的应用，改变了人们生活方式，然而信息科技开始向物联网延伸，一个全新的万物互联时代即将到来。新一代通信技术——5G正在向我们走来，结合云计算和AI等技术，不仅让万物互联成为可能，也使得各种智能设备通过嵌入AI，被赋予智慧，继而形成万物感知的智能社会。

1.1.2　虚拟现实技术真正落地

5G时代，网络更加高速、便捷，使得VR（虚拟现实技术）虚拟场景有了实现的基础。4G时代之前只在理论上讲得通的东西，在5G时代将真正被运用于实践，比如远程医疗、自动驾驶等。

4G时代虽然已经有了远程医疗，但由于高延迟（秒级延迟）的存在，效果并不好。比如远程手术，有些手术的变化是按秒算的，每秒都有可能产生新的情况，在秒级的延迟情况下，风险随时会发生。

5G网络是毫秒级的延迟，远远低于人的反应时间，在这种情况下实时远程手术就有了极大的改善，医生能够通过实时通信提供远程实操，通过实时信号传输控制机械手臂进行远程工作来实现远程医疗服务。

案例 1-4

自动驾驶技术虽然时常被提及，但一直遥不可及，5G网络让自动驾驶技术成为可能。长期以来，制约自动驾驶的早已不再是模式识别的困难，而是通信延迟问题。比如，一辆速度80km/h的自动驾驶的汽车，在路上行驶时出现了故障，按网速双向延迟1s计算，从接收信号，计算出处理结果，再到返回结果，车就跑出去了20多米，这种延迟是相当危险的，最终可能导致车毁人亡。

而5G网速能够维持毫秒级别的延迟，且信号稳定，在同样条件下，同一辆车的移动距离只有2cm左右，这样的移动对车、对他人几乎不造成任何伤害。换句话说，只有在5G条件下，远程控制的自动驾驶才是有保障的，才有可能真正落地。

5G的传输速率最高能达到10Gb/s，这意味着传输一部高清电影只需要1s。这就为远程虚拟现实（Virtual reality，VR）服务的数据传输提供了可靠保证，使得云端数据信息通过远程服务器可迅速传送至客户端，即使3D数据信号庞大也能够极快地传输。

极其快速的传输速率，是VR实景实现的首要条件，5G技术让VR实景可能首次出现，让人们真正体验VR实景游戏，建立远程VR会议、虚拟现实旅行等一系列难以想象的应用场景。

1.1.3　很多工作被机器人取代

5G时代，智能机器人的作用越来越重要，尤其是在工厂，包括产品生产、物流运输、仓库储存、营销推广、设备故障修复等都可以通过机器人直接或辅助来完成。

5G可以实现设备端到端的连接，这种方式让工作更高效，各个工作

流程间的衔接更流畅，大大提升了工作效率。

在5G技术中，有一项技术为D2D技术。通过这项技术，两个物体之间可以直接相连，两个设备在互相传递信息时就会更大程度上缩短时延，而且在业务超负荷的时候，端到端的连接可以为网络终端减少压力。比起其他连接方式，端到端的信息接收更加快速，反应更加快速。

5G为工厂的运转提供了全云化的网络平台，其不仅连接工厂里所有设备，还是数据收集和传感器工作的基础，在整个平台中承载着无限的数据，连接的是成千上万的传感器，每出现一个数据和状况，传感器都要立即将数据和情况上传，保证信息的流畅。

5G网络覆盖智能工厂后，智能机器人代替人成为工厂的主要成员。尤其是在设备维修中，可以通过云计算的超级计算能力将数据进行整理和判断，对故障或者方案做出判断或决策。

设备出现故障，智能机器人可以对设备启动自动修复，不能自我修复的由智能机器人完成，智能机器人不能完成的可以远程连线人工，听取专家的意见，对故障进行修复。

5G网络覆盖智能工厂后，控制工厂的不再是人，而是机器人，机器人被赋予人的智慧，可以不分时间、地点和情况来管理工作，实时监控工厂的运转，工厂从策划、生产、质量检查到运输、修复都可以由智能机器人完成，智能机器人成为智能工厂中的主角，操控整个过程。智能机器人是工厂基层和中层“管理员”，全权负责工厂运转、管理和监督。

1.1.4　智能设备进一步升级

5G本质上是一项网络技术，要想真正落地需要软硬件都达标。因此，5G的落地条件之一，就是必须配备一批与之相适应的基础设施，这也间接促使智能设备进一步升级改造。

为了适应5G，4G时代许多设备都不能再使用，或升级，或更换。承载5G网络的智能设备有哪些呢？如图1-1所示。

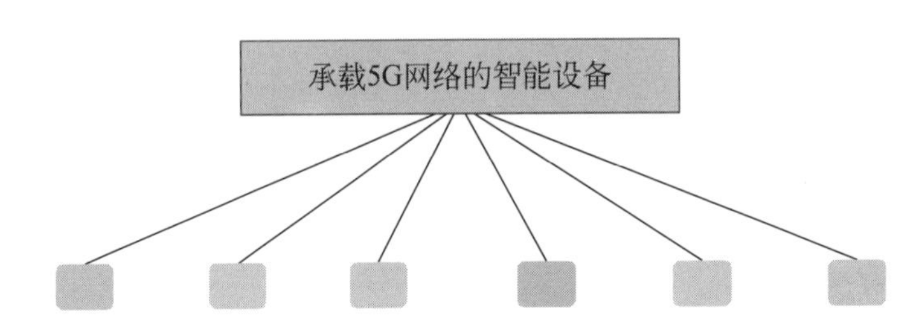

图1-1　承载5G网络的智能设备

（1）5G手机

5G网络部署使得5G手机迎来爆发式发展，5G商用套餐正式启动后，手机市场势必迎来5G换机的风潮。在这种大背景下，最先受益的就是手机厂商，华为、中兴、小米等手机制造商已经摩拳擦掌，开始布局5G手机业务。

自2020年以来，小米旗下多款手机已支持中国移动用户使用5G。华为也在2020年11月底对现网的中国移动用户版的手机升级5G功能。中兴通讯与中国移动联手打造了全球首个5G平台。中兴通讯方面表示，公司长期坚持5G创新和研发，目前已与国内三大运营商展开全面合作，协助运营商建设5G平台。

（2）网络设备

网络设备是连接到网络中的物理实体，网络设备的种类繁多，且随着5G的普及率与日俱增，包括计算机、集线器、交换机、网桥、天线、路由器、网关、网络接口卡等。

较之4G网络设备，5G网络设备有更多优势，5G网络设备市场呈指数级增长。

5G无线设备是基于最新5G无线传输技术研发的产品，相较4G无线设备有很多优势。比如，产品信道多、抗干扰能力强、传输视频画质更优等。

在目前的无线设备市场中，4G设备已经显现出诸多弊端，如自身信道比较少，信号源之间时常会出现干扰等问题。为了追求稳定性，大多数商务用户已经转向更加稳定的5G无线设备。

（3）显示设备

显示设备一般由显示器件和相关电路组成，能提供符合视觉感受的图像信息。4G时代人们用的显示设备是LCD（液晶显示器），而到了5G时代逐渐会被OLED（有机电致发光显示器）取代。

有人预计到2025年，LCD将被OLED替代，成为主要的显示设备，因为后者在技术上和用户体验上优势更明显。

（4）VR/AR设备

随着显示设备的更新换代，5G显示设备的计算能力、用户体验大大提升，随之VR/AR技术的内容和终端都会出现增长。这也是为什么在5G环境下，AR/VR技术会被大范围应用。

比如，通过5G+VR眼镜进行游戏对战，感受亲临战场般的游戏震撼；使用相关VR设备下载或者在线观看一部蓝光级别的电影，这样的畅想如今已有了实现的条件；借助AR头戴显示设备，能获得更为真实和生动的视听体验。

因此，要想将5G运用于更多领域，虚拟现实设备也是必不可少的设备之一，在研发上，生产商必须跟得上5G发展的步伐。

（5）存储设备

5G网络信息量大的特点，对存储设备提出了更高要求。随着网速数量级提升，5G带来了数据的持续高速增长，新型非易失存储会大幅度提升存取速度，因此大容量存储设备需求量会大大增加。

（6）物联网设备

5G时代，各种物联网设备在人们的生产生活中开始广泛应用。因为5G驱动万物互联，物联网连接的终端越来越多，尤其是智能家居和智能车载两大领域增长最为明显。随之而来的就是急需大量的物联网设备，例如，条码和射频识别（RFID）、传感器、全球定位系统、激光扫描器。5G的到来为物联网设备市场提供了健康动力。

1.1.5 推动数字经济发展

数字经济是互联网发展催生出的一种新的经济形态，具体是指通过大数据（数字化的知识与信息）的识别、选择、过滤、存储、使用，引导、实现资源的快速优化配置与再生，实现经济高质量发展的经济形态。互联网催生了数字经济，而5G的出现无疑会加快数字经济的发展进程。

那么，5G在数字经济中发挥着什么作用呢？概括来讲就是两个字——载体。它是数字经济的重要载体，体现在为大数据中心、人工智能、工业互联网等其他基础设施提供重要的网络支撑，并使得这些技术之间互相补充，促进数字科技快速赋能给各行各业。具体可以总结成3点，如图1-2所示。

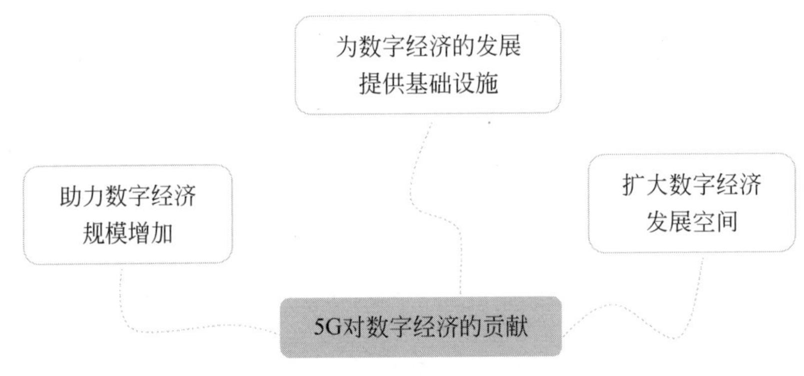

图1-2　5G对数字经济的贡献

（1）助力数字经济规模增加

数字经济从2018年开始快速发展，2018年规模达到31.3万亿元，占GDP的34.8%，比2017年增长了20.9%。5G将进一步推动数字经济的发展。中国信息通信研究院推测，2020～2025年，5G将促进数字经济增长15.2万亿元。

5G和各行各业展开融合，产业数字化进一步发展。2019年开始，数字产业化已经开始围绕5G网络建设展开，以形成终端新兴产业为主要任务，带动整个服务业的发展。

（2）为数字经济的发展提供基础设施

5G普及之后需要建设以5G网络为中心的新一代信息通信网络基础设施，对生产基础设施和社会基础设施进行数字化改造，打造全新的数字化的基础设施。因此，除了改造现有的基础设施，4G时代没有的基础设施要因为5G需要而大力建设，例如电网、基站等基础设施。

（3）扩大数字经济发展空间

5G已经全方位融入到数字经济中。例如，数字化转型不仅迎合了当前的远程工作场景，还帮助企业在经济活动好转时快速行动。许多公司采用了虚拟现实、机器学习或物联网等新技术，以保证它们的快速发展，使工厂以最少的人力运营。

再如，5G无线技术可以为用户提供更高的数据传输速率、超低的延迟、庞大的网络容量、更高的可用性和可靠性，并为客户提供更统一的用户体验。随着远程工作、视频会议和数字协作成为新常态，消费者需要可靠的连接和更多的带宽。随着世界迅速走向数字化，5G可以提供强大的网络和连接，在全球任何地方都可以以最小的干扰访问网络。

初识5G

1.2.1 5G的概念与发展阶段

在政策支持、技术进步和市场需求驱动下，我国5G产业快速发展，在各个领域已取得不错的成绩。大家都在期待着5G时代的到来，但对于到底什么是5G，大部分人都说不清。

1G时代的手机只用于打电话，2G时代的手机增加了发短信功能，3G时代的手机有了显示图片的功能，4G时代就可以用手机看视频和直播了，到了5G时代，手机的功能将会更强大。从20世纪80年代的1G到21世纪20年代的5G，经历了近40年的时间，上网越来越快，信号越来越好，设备的便捷性、安全性越来越高。对比前几代移动通信技术，5G的速度更快，覆盖范围更广。1G到4G设备的演化如图1-3所示。

全球很多国家和地区都在加速推进5G商用落地，5G在我国也发展得如火如荼。接下来，我们就来详细了解一下与5G有关的基本知识。

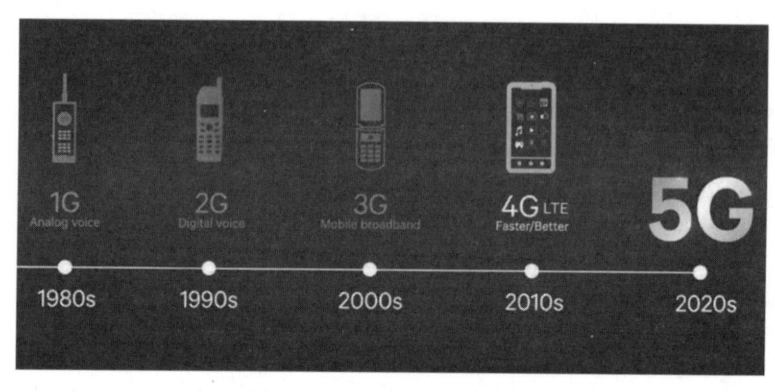

图1-3　1G到4G设备的演化

（1）5G的概念

5G全称第5代移动通信技术（5th generation mobile networks），是目前为止最新的蜂窝移动通信技术。

（2）5G发展历程

5G作为目前通信系统最前沿的一项技术，是逐步发展而来的，是在之前的基础上不断优化、修改、完善而来的。之前通信技术发展经历了4个阶段，分别为1G、2G、3G、4G，现阶段是第5代，简称5G，每个阶段都有各自的特点，具体如图1-4所示。

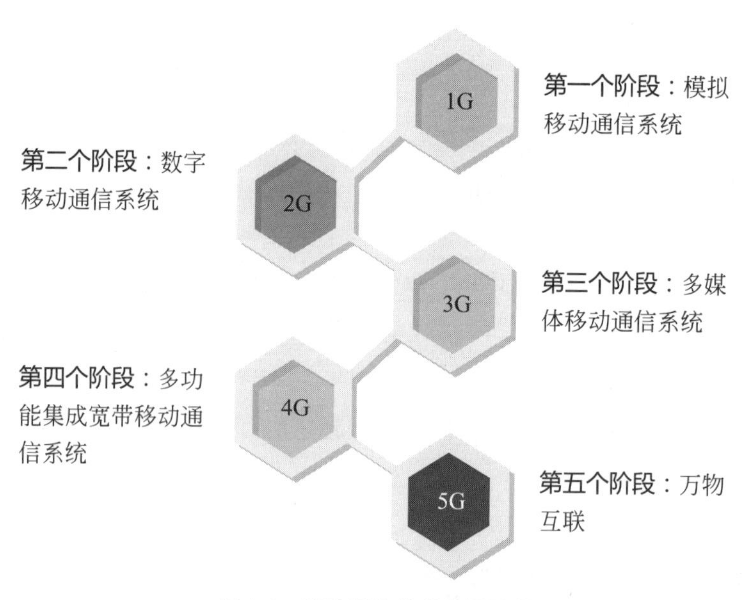

图1-4　移动通信技术发展阶段

① 1G　1G是移动通信技术发展的第一个阶段，是基于模拟移动通信系统的，又称为语音时代。1980年第一代移动通信技术在美国诞生，但是并没有得到广泛商用。

这个阶段的网络处于模拟状态，体验是最差的，通话质量不佳、保密性差以及信号不稳定。相应的通信设备也很少，全部是模拟制式手机，最典型的就是“大哥大”，只能用来打电话，而且经常断线，无法发短信，串号、盗号是常事。

更严重的是，1G时代的网络是局域性的，不同国家的系统不兼容，无法互通电话。

② 2G　2G是移动通信技术发展的第二个阶段，是基于数字移动通信系统的。这一阶段以数字语音传输技术为核心。1990年，欧洲在移动通信领域开始崛起，GMS（谷歌移动服务）的成功让移动电话在2G时代爆发。2G网络的最大成果就是在某些规格的设备中可以发短信，之后，可以发送短信的手机面市，这也是2G时代又被称为文本时代的原因。

③ 3G　3G是第三个阶段，系统升级到多媒体移动通信，又称为图片时代。21世纪初期，日本、韩国、欧洲等先后推出3G的商用服务，我国大范围启用3G服务是在2008年。这一代将无线通信与国际互联网等多媒体通信结合了起来，能够处理图像、音乐、视频流等多种媒体形式，无线网络开始出现，可以为用户提供包括网页浏览、电话会议、电子商务等多种信息服务。

④ 4G　第四个阶段的4G将多功能集成的宽带运用于移动通信系统中。2010年，4G进入大众视野，在迅速成熟的市场环境和用户需求下，移动互联网取得了巨大发展，也催生了技术进步。该技术是对3G的一次升级改造，较之3G最大优势是将WLAN技术融合了进来，使图像的传输速率更快，让传输图像的质量更高，看起来更加清晰，因此，4G时代又称为视频时代。

4G的主要特点是传输速率更快、网络频谱更宽、通信更加灵活、智能性更高。用在智能通信设备中，让用户的上网速度更加迅速，最高可以达到100Mb/s。

⑤ 5G　第五个阶段的5G较之4G又有了巨大提升，不仅仅是网速100倍的提升，更是全面移动互联网化。4G比3G只是领先了那么一点点，但是5G领先4G将会超乎所有人的想象。

5G之所以被称为物联网时代，就是因为它将引领社会进入物联网时代。所谓物联网就是万物互联，将世界万事万物连接在一起，建立具有韧性的社会和经济。

综上所述，通信系统的每次升级都是通信行业的一次变革，都是信息流的一次进步，从最初的语音，到视频，再到万物互联，呈现出明显的进步，如图1-5所示。

图1-5　1G～5G信息流的变化

5G作为当下最新、最前沿的一项技术，已经脱离了通信行业范畴，将惠及各行各业，给人们的生产、生活、工作、学习带来福利。比如，提供更快的数据传输速率，提高工作效率，节省人力和物力成本，提高通信设备使用的效率，加大通信设备的储存和使用容量，扩大产品设备的连接数量等。

1.2.2　5G的基本特点

从1G到5G，每一代通信系统的升级都有各自的特点。5G的基本特点有5个，如图1-6所示。只有抓住了这些特点，才能明确其优势、劣势，扬长避短，升级改造，更好地运用于实践中。

图1-6　5G的基本特点

（1）高速率

与4G相比，5G一个最大的不同就是超快的网速，这也成了5G的第一大特点。据了解，5G的基站峰值速率可能高于10Gb/s。理论上来说，5G比千兆宽带快10倍，比Wi-Fi快60多倍。

5G网速之所以会比4G快很多，与网络通道有关系。5G与前几代通信网络在通道设置上有本质区别。打个形象的比喻，4G是“大锅饭”，5G是“自助餐”。

4G时代，用户上网时是没有办法自主选择自己想要的网络服务的。譬如玩游戏的时候，看视频的时候，打电话的时候，用的网络承载其实都是同一条通道。这样一来，在人多聚集的场合就非常容易发生网络拥塞问题。比如在演唱会现场，就经常会出现电话打不出去、照片发不出去的情况，因为所有人用的都是同一个通道。

而5G这个“自助餐”是按照用户实际需求提供服务的。5G的网络切片技术将其分成三种场景：大带宽、高速率的场景；高可靠、低时延的场景；海量大连接。想要什么服务都会提供相应的切片：想要大带宽、大速率的服务就提供eMBB切片；想要高可靠、低时延的服务就提供uRLLC切片；想要海量大连接的场景可以提供mMTC切片。

（2）大容量

5G有着超大的网络容量，可以提供千亿设备的连接能力，以满足物联网通信。到底有多大，在5G真正落地之前都是预测和猜想，但是我们可以先通过如下案例学习一下。

以物联网为例，未来5G如果能满足广域物联网的需求，那就证明其网络容量已经达到常人难以想象的地步。物联网的概念早在多年前就频频提起，之所以无法完全投入实践，关键问题就是网络容量太小，因为物联网的节点太多，而且由于很多条件的限制，终端没有办法充电，只有通过初次装入电池，寄希望于终端自身能够节省电能，使用越久越好。

（3）低时延

5G有着低至1ms的延迟，更低的时延意味着更及时的响应。这一特性对于无人驾驶、应急事故处理等场景意义重大。以无人驾驶为例，目前的方案多依靠传感器技术实现，车辆根据环境进行被动式操作，难免出现一些事故。而当5G技术运用其中时，由于极低的时延，车和车之间可以进行最为及时的通信，从而主动规划行驶线路，根据突发情况做出最合适的处理，更加智能安全。

（4）低功耗

5G利用新技术具备了低功耗的特点，这一特点对于各种设备的大规模部署都是有好处的，可以大大延长智能设备电池的使用时间，也能满足5G对于物联网应用场景低功耗的要求。

5G可以大大延长智能设备电池的使用时间，以智能手表、VR眼镜为例加以说明。

目前的智能手表、VR眼镜等可穿戴设备需要每天充电，甚至不到一天就得充电，大大影响了人们的使用体验。这也是近几年智能可穿戴设备虽认可度很高，但无法大规模商用的主要原因，即功耗太高、体验太差。5G能把功耗降下来，让很多产品一周充一次电，甚至一个月充一次电，大大改善用户体验，促进物联网产品的快速普及。

同时，5G要支持大规模物联网应用场景，就必须要有功耗的要求，以水质监测为例。

对于河流的水质监测，通常需要尽量多地设立监测点，而现在很多地方监测点相距太远，导致监测结果不够准确，一旦有污染，找到污染源非常困难。之所以不设立大量常规的监测点，原因就是成本太高。

如果采用5G低功耗技术，就可以大大降低设立监测点的成本，将监测器布置在河流沿线，可及时回传数据，半年换一次电池，维护成本也很低。

（5）泛在网

5G具有泛在网的特点，即业务范围广。这里包含两层含义，一是广泛覆盖，二是纵深覆盖，详细内容如图1-7所示。

泛在网这一特点，某种程度上比高速率还重要，高速率只是要求建一个速率很高的网络，并不能保证服务与体验，而泛在网才是5G取得良好体验的根本保证。

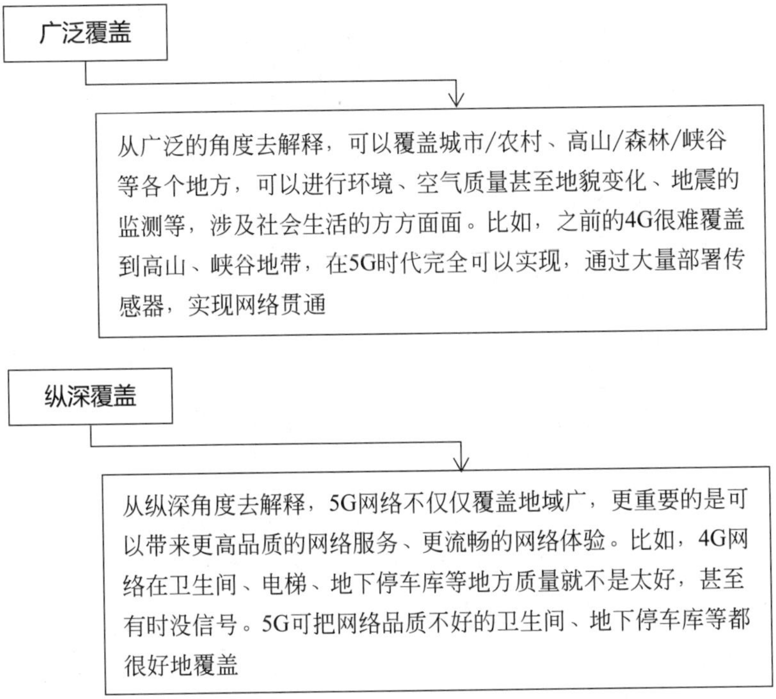

广泛覆盖

从广泛的角度去解释，可以覆盖城市/农村、高山/森林/峡谷等各个地方，可以进行环境、空气质量甚至地貌变化、地震的监测等，涉及社会生活的方方面面。比如，之前的4G很难覆盖到高山、峡谷地带，在5G时代完全可以实现，通过大量部署传感器，实现网络贯通

纵深覆盖

从纵深角度去解释，5G网络不仅仅覆盖地域广，更重要的是可以带来更高品质的网络服务、更流畅的网络体验。比如，4G网络在卫生间、电梯、地下停车库等地方质量就不是太好，甚至有时没信号。5G可把网络品质不好的卫生间、地下停车库等都很好地覆盖

图1-7　5G泛在网特点的含义

1.2.3　5G的发展历程

5G的发展历程相对较短，从2008年概念的提出，到2019年正式投入商用，也就10余个年头。由于我国在5G研发、实施上，比国际上要晚，因此我们在了解它的发展历程时，需要按照国际和国内两条线进行。

5G在国际上发展历程具体如表1-1所示。

表1-1　5G在国际上发展历程

时间	国家/地区或组织	事件
2008年	美国	NASA同M2Mi公司建立了合作关系，联手研发5G技术，5G第一次进入大众的视野
2012年	欧美	纽约大学成立“NYU WIRELESS”研究中心，专注于5G无线网络的各项细节研究。欧盟联合发起“iJOIN EU”项目，专注于研发对5G技术至关重要的“小基站技术”，5G技术正式进入大规模的研发阶段

续表

时间	国家/地区或组织	事件
2013年2月	欧盟	正式宣布出资5000万欧元用于5G移动技术的研究和发展
2013年5月	韩国	三星宣布，已经开发出供5G手机使用的移动通信技术，并且计划在2020年普及
2014年5月	日本	电信运营商NTT DoCoMo联合六个公司研制比4G网速快1000倍的高速网络。一年后NTT DoCoMo对5G网速进行测试
2015年9月	美国	移动运营商Verizon无线公司发表声明，从2016年开始测试最新研制出的5G网络
2016年8月	英国	英国电信和诺基亚开展5G合作，创建“5G概念证明”，开发5G标准和潜在的5G用例
2016年9月	韩国	三星宣布完成28GHz室外5G基站之间的切换测试
2016年10月	美国	高通宣布已经制造出第一个5G调制解调器——SnapdraGon X50
2016年12月	英国	英格兰贝辛斯托克的BasinG View创新中心开发了一款5G信号模拟器
2017年2月	韩国	三星宣布已开发出5G射频集成电路（RFIC）、新的5G家庭路由器
2017年2月	3GPP	国际通信标准组织（3GPP）宣布了“5G”的官方LoGo
2018年12月	韩国	韩国的三大运营商SK、KT和LG U+在韩国的一些地区首次推出5G服务，韩国成为全球第一个在自己国家实施5G服务的国家
2018年12月	美国	美国的AT&T公司宣布他们将在三年后美国的十二个城市普及5G网络服务

2017年，我国开始着力于5G网络建设，当年11月工信部发布通知确定5G中频频谱；2018年11月在重庆建设了首个5G连续覆盖试验区；2019年工信部正式发放了5G商用牌照，我国正式进入5G商用元年。更多事件如表1-2所列。同年，各大手机厂商都推出了自己的5G手机，5G手机的普及已经有了一定水平。

表1-2　5G在我国的发展历程

时间	事件
2017年11月	工信部宣布5G的两个使用频率：3300～3600MHz、4800～5000MHz。可以适应系统应用，并且利用大容量内存进一步满足人们的需求
2017年11月	工信部宣布正式开展5G技术研发的第三阶段工作
2018年2月	世界移动通信大会中，沃达丰和华为称已经在西班牙共同通过非独立的3GPP 5G新无线标准，在Sub 6GHz频段通过了通话测试
2018年2月	华为在MWC2018大展上公开了第一个3GPP标准5G的商用芯片和终端，这款5G商用芯片巴龙5G01可以适用于全球的5G频段，不管是Sub 6GHz低频还是毫米波高频，可以支持超过2Gb/s的下载速度
2018年6月	5G独立组网功能冻结得到3GPP全会的批准，接下来5G进入了全面冲刺阶段
2018年8月	一汽奥迪和爱立信公司达成合作共识，希望将5G应用于汽车生产
2018年11月	在重庆，完成了第一次5G网络覆盖，实现了5G远程驾驶、无人机操控等应用
2018年12月	工信部认可中国联通集团开始展开5G网络试用
2019年6月	工信部向三大运营商和广电发放5G商用牌照，标志着我国进入5G商用年代
2019年9月	华为公司在布达佩斯举办的国际电信联盟中发布了《5G应用立场白皮书》，其中涉及多个5G的应用情景，给5G的商用部署提供了保障，给5G创造了更好的发展环境
2019年10月	工信部批准了5G基站入网，同时颁发了国内的第一个5G无线电通信设备进网许可证，月末，三大运营商公布了5G的套餐价格，于11月开始执行

1.2.4　5G与中国移动

中国移动作为国内三大运营商之一，在发展5G上具有得天独厚的优势。其技术力量最强，业务覆盖范围最广，服务人数最多，可以说承担着发展5G网络的攻坚任务。

5G网络的发展是建立在4G网络基础之上的，两者共用了很多技术，共同享用了很多资源，所覆盖的地区、提供的业务有很多重合。因此，拥有完善4G网络的中国移动，在发展5G上会有很多便利条件，是最容易见效果的。

2019年6月25日，中国移动在上海召开“5G+共赢未来”的会议，会议传递了中国移动致力于发展5G的决心和信心，并公布了发展5G的具体工作。

（1）基站的建设

发展5G的前提是建立相应的基站。中国移动在基站建设的速度和质量上有很大优势。据统计，中国移动的网络规模是全世界最大的，4G基站数量多达240万个，占全国基站数量的50%以上，占全世界基站数量的30%。

2019年，中国移动在全国范围内建了5万个5G基站，为50多个城市提供5G商用服务；2020年，让国内地级以上市都享受到了5G服务。

（2）建立完善的运行体系

中国移动将建立一个有着良好质量、反应快速、有智慧、工作效率高的新的网络运营体系。网络体系想要长久发展，网络的安全性是不能忽视的问题，建立网络运营体系的时候也要建立一个网络安全保障系统，开发网络安全技术，对上网的风险进行评估，尽量减少用户上网时隐私泄露等风险。

（3）促进5G技术标准化发展

5G网络作为一项新的技术，目前最大的隐患就是缺乏标准，行业标准、使用标准、收费标准等都不够明确。这将大大影响5G在各行业的落地，甚至会扰乱以往的正常网络体系。因此，中国移动发展5G的一个主要工作就是制定5G标准。

中国移动制定的5G标准，日后可能成为行业标准。因为中国移动在3G和4G标准的制定上已经取得了全社会的认可，这为5G标准制定奠定了坚实的基础，可以少走一些弯路。

（4）加快5G与其他网络技术的融合

5G的发展从来都不是独立的，而是一个与其他网络技术不断融合的过程。因此，发展5G，加快其与AI、云计算、边缘计算、物联网、大数据相关技术的融合也是非常关键的一步。

中国移动将这项工作的重点放在了以下两项技术的融合上。

① 加快与AICDE的融合创新　AICDE是人工智能（AI）、物联网（IoT）、

云计算（Cloud Computing）、大数据（Big Data）、边缘计算（Edge Computing）英文核心词首字母的缩写，如图1-8所示。

图1-8　AICDE的含义

5G与以上技术的融合，可以创建以5G为基础的智能设施，为设施开发出新的能力，开创更多的应用，提供更多的服务，出现更多的新的使用场景。

② 加速5G+Ecology的融合创新　5G+Ecology的融合对于打造新生态有诸多好处，可以创造更多的资源共享，让更多的企业实现共赢。

在具体的融合中，中国移动主要会采取三项措施，即大力创建5G开放型生态体系、推动5G和其他产业的合作、将5G和新商业结合。

在5G的发展上，中国移动发挥着重要作用，通过普及和优化网络通道，加速5G网络的发展，不断扩大5G的规模，让5G网络尽快覆盖到全国。

第2章 5G技术原理、优势与突破

网络技术是一系列技术的集合，如超密集异构网络、自组织网络、内容分发网络、D2D通信技术、M2M通信技术，以及信息中心网络等。从1G、2G、3G、4G，一直到5G，其实也是技术不断创新的产物。涉及技术就需要充分了解其原理、核心和优势，这是5G真正运用到行业实践中的前提。

2.1 5G技术原理

2.1.1 5G技术原理：频谱

关于5G技术的原理有很多种说法，5G本身是一种前沿科技，深刻影响着未来社会与经济发展。不同的人，站在不同的角度，对核心技术的理解不同。但若回归通信技术本质之后，就会发现最终决定5G使用成效的还是频谱。

频谱是无线通信传输信息的载体，是保证用户获得良好上网体验的基本保证。频谱之于通信网络，就如同土地之于房地产，没有土地就无法盖房子，没有频谱也就无法实现通信传输。

频谱是频率谱密度的简称，即频率的分布曲线。频谱范围基本决定了一种无线技术的特性，较之前几代移动通信，5G与其的本质区别就是频谱范围的不同。

2G、3G、4G网络使用的是3GHz以下的频段，5G使用的是3GHz以上或者毫米波频段。5G频谱分为两个区域，一个是FR1，另一个是FR2，两个区域代表两个不同的频率范围。

FR即Frequency Range，是频率范围的意思，FR1是5G的主频段，频率范围是450MHz ～ 6GHz；FR2是5G的扩展频段，频率以28/39/60/73GHz为主，如图2-1所示，两个区域频率范围相差较大。5G的工作方式是高段频谱和低段频谱相互合作，5G传播速率快、范围广，正是由于使用了更高的频谱。

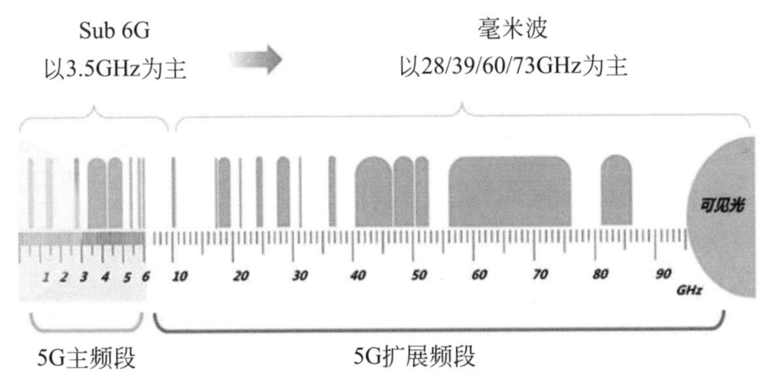

图2-1 5G的频段范围

FR1虽然频率低，但绕射（衍射）能力强，覆盖效果好。作为5G主要使用的频谱，FR1支持的最大带宽是100Mb/s。

相较FR1，FR2的发展潜力更大一些，支持超大带宽，频谱干净，干扰很小，是5G的扩展频段，也是容量的补充频段，能够支持400Mb/s的带宽。5G的最大峰值带宽能够达到20Gb/s，也是建立在FR2的超大带宽的基础上。

2.1.2 国内5G频谱的频率范围

国内5G频谱采用的频率范围全部集中在FR1主频段，也以不同形式部署于中国移动、中国联通、中国电信三大运营商中，如图2-2所示。

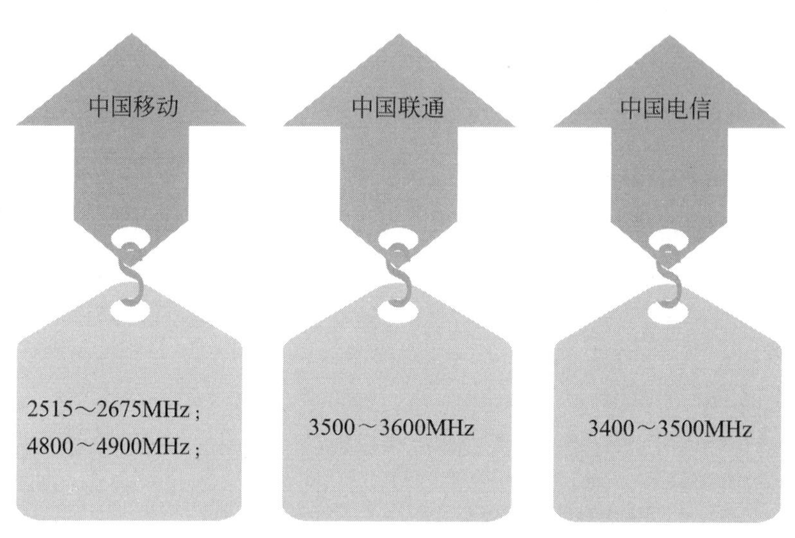

图2-2　国内5G频谱采用的频率范围

中国移动有两个频率范围，第一个是2515～2675MHz，一共有160MHz，频段号名称是n41；第二个是4800～4900MHz，一共有100MHz，频段号名称是n79。中国联通拥有一个频率范围，是3500～3600MHz，一共有100MHz，频段号名称是n78。中国电信有一个频率范围，是3400～3500MHz，一共有100MHz，频段号名称为n78。

在这三个频段号中，n78的芯片、设备和终端都要远远优于n41和n79。“欲戴王冠，必承其重”。中国移动肩负着推动整个产业链条研制、开发和应用的重任。

2.2 5G技术创新

2.2.1　新的阵列

5G被称为一种“新”的通信技术，“新”在哪里？关键就是技术创新和突破。在5G的研发阶段，科研人员采用了多项新技术，较之前几代通信网络都是巨大突破。

第一个突破就是5G采用新的阵列——大规模天线阵列。说到天线大家都很熟悉，其在无线技术普及的现代社会，出现在各种场景中，如图2-3所示。

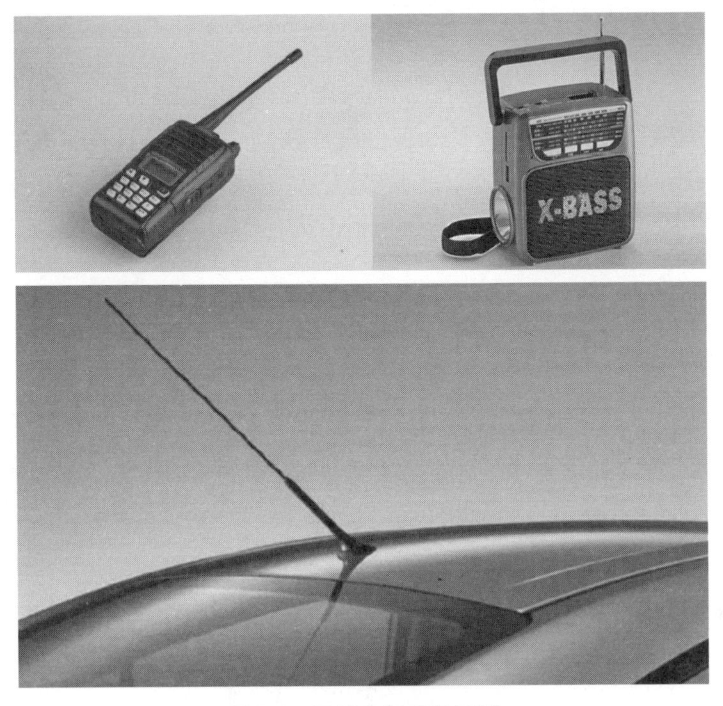

图2-3　天线应用场景示例

不过，我们这里讲的天线不同于日常生活中的这些天线，是移动通信网络所使用的基站天线。5G采用的新的大规模天线阵列就是基站天线。基站天线对每个人都至关重要。如果没有它，手机就没有信号，我们也无法愉快地网购、看视频。

由于移动通信网络频谱的频率范围大都在700～3600MHz之间，因此，天线尺寸要小得多，小得几乎看不见，大部分藏匿于设备之内。

5G大规模天线阵列的最大优势是最大限度地实现对空间资源的挖掘与利用，让每一个频谱资源都能贡献出自己的力量，让网络容量扩大十几倍、几十倍。这是因为基站会安装成百上千根天线，针对不同目标接收机，调制成不同的波束。这样，在同一个频率、同一个时间就可以传输近百条信号。

在传统信号传输中，由于传输环境复杂，而且是单天线传向单天线，支撑信号传输的力量很小，信号在传输过程中减弱的概率很大，那么，用户接收到的信号也大大减弱。5G通信增加了大量的天线，信道的数量也随之增多，而且每一个信道都是独立的，支撑信号传输的力量增大，信号在传输过程中减弱的概率变小，传输的环境相对简单，这样，通信系统处理信号的效率也相应提高了。

2.2.2 采用新的OFDM技术

OFDM，是英文Orthogonal Frequency Division Multiplexing的缩写，翻译成中文就是正交频分复用技术，是一种多载波调制技术。这种技术在1G～5G不同的发展阶段叫法不一样，功能也不尽相同。但都有同一个功能：保证信号能在相同的复用信道上同时传输，不会互相干扰。

很多人常听收音机，不同的频道都叫作调频XXX MHz频道。比如98.6MHz是音乐频道，100.8MHz是国际新闻频道等。这些不同的无线广播频道，就是通过调制技术中的一种——调频技术，分别被迁移到了不同的频率上，因此才可以互相不干扰地传输。

无线广播是一种典型通过FDM来实现复用的商用案例，4G首次采用了这项技术，5G在4G的基础上进行了一些技术上的升级。

复用技术随着网络的不断优化，功能也在不断强化，此技术在2G、3G、4G中都有运用，名称和概念也不一样，具体如表2-1所列。

表2-1 复用技术的名称和概念

名称	概念
TDM：时分复用	通过不同信道，同时在同一个通信媒体上传输多个数字化数据、语音和视频信号等的技术，在2G、3G中使用较多
CDM：码分复用	靠不同的编码来区分各路原始信号的一种复用方式，主要和各种多址技术结合产生了各种接入技术，包括无线和有线接入，在2G、3G中使用较多
FDM：频分复用	将多路基带信号调制到不同频率载波上再进行叠加形成一个复合信号的多路复用技术
OFDM：正交频分复用	特殊的多载波调制技术，它利用载波间的正交性进一步提高频谱利用率，而且可以抗窄带干扰和抗多径衰落。其在4G中广泛使用，5G做了技术上的升级

可见，无论在哪个时代都有分频技术，而且有着各自的特点。5G在4G OFDM的基础上进行技术的升级与改造。5G时代的OFDM技术，可以高效地利用频谱资源，提高载波的频谱利用率，或者是改进对多载波的调制，其特点是各子载波相互正交，使扩频调制后的频谱可以相互重叠，从而减小子载波间的相互干扰。在对每个载波完成调制以后，为了增加数据的吞吐量，可以提高数据传输的速率。

在5G时代，OFDM技术表现出诸多优势，具体如图2-4所示。

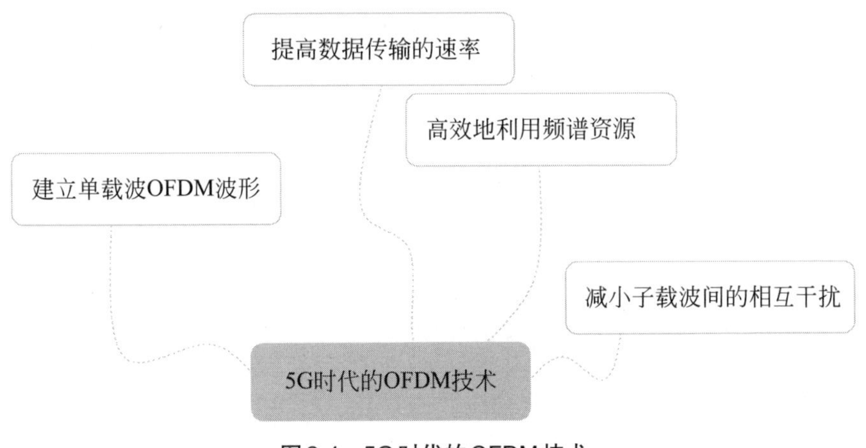

图2-4　5G时代的OFDM技术

2.2.3 采用新的无线技术

无论2G、3G、4G还是5G，都是依靠看不到摸不着的无线电波来传输的，也就是说无线技术是通信网络中最基本的技术之一。5G使用以下4项先进的无线技术。

（1）大规模MIMO技术

大规模MIMO技术在无线通信领域是非常重要的一个应用，经过长时间的创新、改进和升级，在设备端或者是基站端利用智能多根天线可以发射信号或者接收信号，信道的容量也随之变大。利用智能波束成型可以把射频的能量发射到相同的方向，信号能够覆盖的范围扩大了。

扩大信道容量、扩大信号覆盖范围这两项是5G NR（New Radio，新空口）中最需要的，因此大规模MIMO技术是5G中最重要的技术。推动MIMO技术的改进和升级，就能够推动5G的发展。2020年，MIMO的升级已经有了成效，规模已经从2×2升级到4×4。

5G中使用的天线数量非常多，虽然能让信号变得更好，但是大量的天线会占据更多的空间，为了在节省空间的基础上保证信号，唯一的办法就是在基站端放置更多的MIMO。5G NR在基站端可以放置256根天线，将天线进行二维排布之后能够实现3D波束，信道的容量就能进一步扩大。

（2）毫米波

毫米波（millimeter wave）的电磁波波长为1～10mm，位于微波与远红外波相交叠的波长范围，因而兼有两种波谱的特点。5G使用毫米波频率会变高，传输速率会变快，网络容量会变大，让用户拥有更好的上网体验，如图2-5所示。

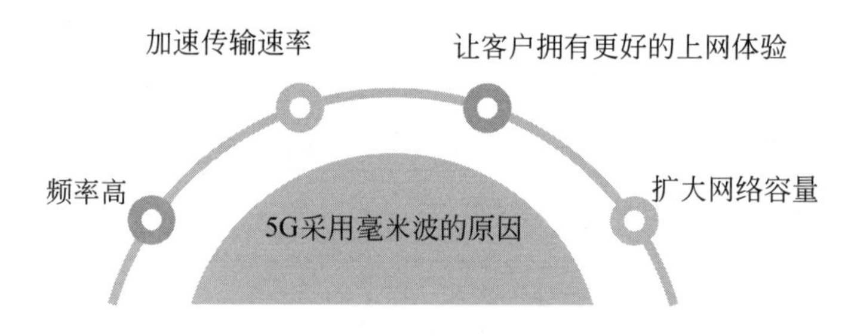

图2-5　5G采用毫米波的原因

但毫米波也不是没有缺陷的，超高的频率会让路径很容易受到阻碍，而且传输信号仅限制在同一开放空间内，穿墙能力、衍射能力受到限制。

（3）多天线提升下行速率

5G相对于4G来讲有了全新的终端形态。5G采用了多天线，多天线可以让空间得到更加有效的利用，扩大网络容量。

因为4G的网络终端可以接收信号的天线数量是有限的，所以能够支持空间复用的层数也受到了限制。现在的网络终端一般都会有2个接收信号的天线，天线数量和最大复用层数相等，因此手机所能够支持的最大复用层数也是两层。5G之后，天线数量可能会达到4个，能够复用的最大层数随之变成4个，最大复用层数增加，下行速率也会随之变快。

（4）上下行解耦技术

因为有了C-band大带宽与多天线接收技术，所以用户的下载速率非常快，让用户有了更好的上网体验。C-band的优点提高了上网速度，而C-band的缺点限制了网络终端的上行发射功率，使用5G网络的小区的上行网络覆盖会受到非常严重的影响。

假设把C-band与1.8GHz的LTE放在一个基站共同部署，那么网络覆盖能力会非常弱，整个小区里面，只有位于小区基站中央的一部分用户能够享受到高速网络。

上下行解耦技术就是针对这个劣势提出的解决办法。上下行解耦技术在频谱上有了进一步的改进和创新，把LTE低频中未使用的频谱分享给NR上行，如此一来，C-band和高频上行的网络覆盖能力会增强。利用未使用的资源来弥补其他缺失的部分，可以弥补上行覆盖的短板，让资源最大化利用。

为了验证上下行解耦技术的效果，华为公司和英国著名运营商EE在伦敦展开对商用网络上下行解耦测试，经过试验得出结论：使用上下行解耦技术可以将原有的网络覆盖面积扩大近80%。

每一项技术的衍生都推动了5G的部署和建设，技术多一项，5G距离普及就近一步。

2.2.4　网络切片技术

网络切片技术是5G中一项很重要的技术。这项技术根据5G对不同业务提供不同的容量、服务质量和带宽，把原本唯一的物理网络分割成多个具有独立性质的逻辑网络。每一个逻辑网络都可以向用户提供一项服务，相互之间不干扰，速率更快，反应更灵敏。

运用网络切片将业务分类，使所有的业务不至于都等待着一个网络回应。

网络的发展促进网络用户的增长，从1G到5G，业务从单一走向多样化，网速成倍增长的同时用户数量也在成倍增长，多用户、多业务就意味着多连接。网络切片将业务分类，减少了网络阻塞和干扰。

网络切片按照业务种类分成不同的组，一个组就是一个切片，是一个虚拟的端到端网络。每一个切片都是无线接入，以承载网作为媒介，再输入到核心网。各个阶段相互隔离，各自独立负责一个业务。

一个网络切片有3个基础部分，第一部分是无线子切片，第二部分是承载子切片，第三部分是核心网子切片，如图2-6所示。

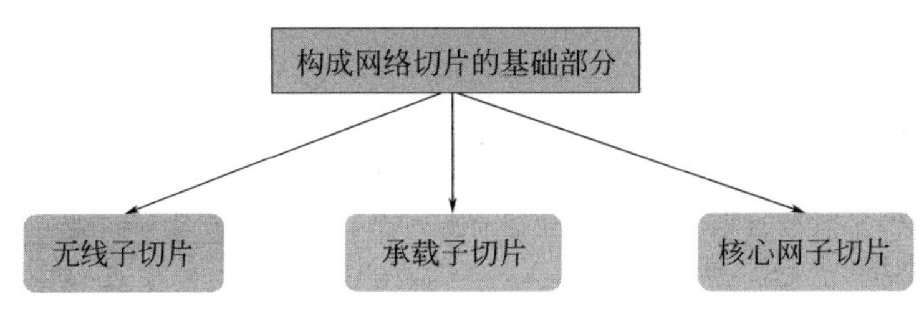

图2-6　构成网络切片的三个基础部分

实现网络切片的基础是网络功能虚拟化。在核心网中，网络功能虚拟化设备分为两部分，即软件和硬件。硬件由通用服务器控制，软件因网络功能的不同而提供不同的业务服务。

网络切片可以组合使用，根据用户选择的通信服务类型使用不同的切片。通信服务类型是根据服务等级协议选择的，服务等级协议中包含容量、服务质量和带宽。通过通信服务类型可以看出用户的需求。

5G主要有3种通信服务类型，是按照容量、服务质量和带宽区分出来的，分别是增强移动宽带、超高可靠与低时延通信、海量机器类通信，三种通信类型对应三个切片。

确定通信类型后，网络切片还要借助通信服务管理功能、切片管理功能、子切片管理功能加以管理和编排。

2.2.5　灵活的网络架构

5G应对的将是万物互联的场景，为满足多场景需求，就需要多层次的、灵活的网络架构。5G的网络架构设计有很多优势，可以不限时间、不受频率限制地为用户提供服务，而且可以同时向多个不同用户提供不同服务，应对各种应用场景，如图2-7所示。

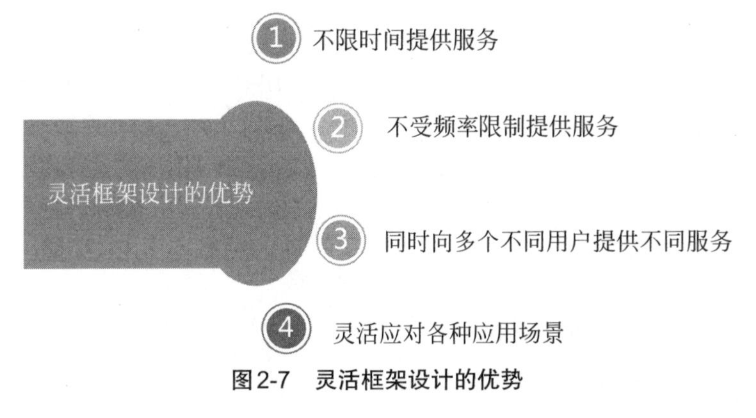

图2-7　灵活框架设计的优势

灵活意味着改变和多种选择。在新的框架设计中，使用同一个频率进行数据传输时，可以选择不同的时间间隔，这和4G比较是一个很大的进步。4G的时间间隔只有唯一一个标准；而在5G时代，同一频率下，如果移动宽带服务是需要提供高质量服务的，那么时间间隔可以选择在微秒范围，不是只能千篇一律选择毫秒范围的时间间隔。

在灵活的框架结构中，时间间隔可以做进一步的扩展，和4G网络相比，5G的时延会缩小一个数量级，时间间隔最短可以达到1ms，看似已经达到极限，但是还有前进的空间，技术人员仍然在继续研发，争取将时延控制在150μs以内。

时间间隔的选择不仅仅取决于服务质量要求，也可以取决于服务，如果某个服务对时延有要求，那么两个传输可以同时进行，不是必须要排队等到下一个子帧来到。两段传输同时进行，省略了等待子帧到来的时间，提高了工作效率。

在灵活的框架设计中，最重要的一个技术就是自包含集成子帧。自包含集成子帧对缩短时延、发展5G特性和向前兼容等应用有着非常重要的作用，它可以把传输数据和确认数据放在一个子帧中完成，极大程度上缩短服务的时延，当5G NR可以单独自行集成子帧，那么每一个时间间隔都会被模块化地处理。总之，灵活的框架设计有助于5G给用户提供更好的上网体验。

2.2.6 全新的物理层技术框架

5G采用了全新的物理层技术框架，在技术上更上一层楼。这一套全新的物理层技术框架包括六个部分。

（1）全新的空口设置

4G网络所使用的子载波间隔和子帧长度是固定的，不管信道类型和业务类型是什么样的，子载波间隔和子帧长度都不变，固定使用15kHz的子载波间隔和1ms的子帧长度，传输速率就受到了限制。

在5G全新的空口设置中，子载波间隔和子帧长度是可变化、可选择的，子载波间隔不是只有15kHz一个，而是一个区间，即在15 ～ 120kHz之间，子帧结构不再单一，可以选择全上行、全下行或者上行为主和下行为主的帧结构。针对不同的信道、不同的业务来选择效率最高、最合适的子载波间隔和子帧结构。

如果遇到不同的业务类型，终端能够利用频分多路复用同时执行两种业务，发送各自需要的信息，从而增强了终端系统在工作中传输的灵活性。

（2）全新的集中单元以及分布单元分离技术

为了进一步将5G的资源最大化利用，5G技术引用了集中单元，也称为中央控制单元。集中单元的加入在业务和架构两个方面有着非常重要的作用。

在业务方面，集中单元能够实现统一管理无线资源，每一个变化都受到终端的控制，在管理上更加系统化，网络的工作更加有秩序，网络的工作能力也会进一步增强。

在架构方面，集中单元能够根据情况集成至运营商的云平台，或者固守原地，在特定的硬件环境中汇总，通过云化思想做到资源共享。通过有弹性的使用，按照需求和功能对资源进行分配、利用，将资源最大化利用，减少浪费，根据要求实现自动部署，从而提高工作效率、降低运营商和公司的运营成本以及资本支出。

（3）全新的波形

在4G网络中，LTE的下行可以支持CP-OFDM波形，上行智能支持DFT-s-OFDM波形。5G NR在4G的基础上，让LTE的上行也可以支持CP-OFDM波形，新波形具有很多优点，它可以有选择地进行数据调度，提高系统带宽的利用率，增加频谱价值，如图2-8所示。

图2-8　新波形的特点

2020年LTE最高利用率可以达到90%，NR系统带宽的利用率最高可以达到97%，极大地提高了利用率。

（4）全新的信道编码

4G网络技术数据所用的信道编码是Turbo编码，控制信道所用的是TBCC编码。而5G用了新的信道编码，数据信道采用LDPC编码，控制信道与广播信道采用Polar编码。新的信道编码加快了NR信道编码的速度。

（5）全新的系统覆盖率

从5G全新的波束赋型的测量以及反馈机制来看，它可以同时进行初始的接入和控制数据信道。

波束赋型是多天线技术的一个分类，采用这种技术，UE会对物理上下行共享信道加权，随后产生窄的波束，窄波束对着UE，把能量发射到需要的用户，UE的解调信噪比随之变大。

5G能够实现初始接入是建立在4G LTE广播机制的基础上，经过改进和升级，扩大了系统的覆盖面积，增加了覆盖范围内信道的控制能力，传输数据的成功概率变大。同时，还可以增强导频设计，在时频跟踪导频、相位跟踪导频、解调导频等方面都有提高。跟4G LTE相比较，5G减少了研发的成本，信道信息的提供更加精准。

（6）全新的多天线技术

在天线技术方面，5G引入了多天线技术，天线数量的增加提高了频谱的工作效率，扩大了信号的覆盖范围，让系统的工作更有灵活性。

多天线增强技术不管是对单个用户、多个用户还是TDD来讲都有着十分重要的作用。

单个用户在非码本上行传输机制的基础上，通过多项多天线增强技术可以提高前代通信技术通过码本进行预编码的正确率，所提供的信道信息更加精准，提高上行的工作效率。多个用户使用多项多天线增强技术可以支持正交12流的多用户配对，加速上下行的工作效率。TDD使用多项多天线增强技术，在多个不同的载波之间探测参考信号，亦或是在同一个载波之间进行不同天线的变换或者发送信号，因为信道具有互易性，所以TDD在信道的反馈信息更精确，频谱效率更高。

2.3 5G技术继承

2.3.1　网络技术

5G的研发不但采用了很多新技术，在一些旧有的技术上也有很多继承。这些技术都在之前几代通信网络中用到过，只不过在5G时代表现出了新的特征。

（1）超密集异构网络

超密集异构网络是指一种多协议网络，可以大幅提升无线网络容量、解决蜂窝网所面临的1000倍数据量挑战，是最富有前景的一种组网技术。

这种技术融合多种无线接入技术（如5G、4G、UMTS、Wi-Fi等），是由覆盖不同范围、承担不同功能的大/小基站在空间中以极密集部署的方式组合而成的一种全新的网络形态。从这个概念中，可以总结出超密集异构网络的特点如图2-9所示。

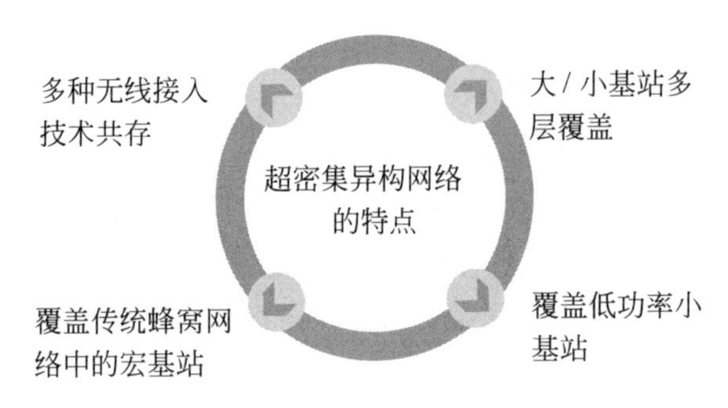

图2-9　超密集异构网络的特点

超密集异构网络可以解决1000倍容量挑战，为用户提供极致化的业务体验，未来会远远超出现网的布设密度和规模。不过，美中不足的是，超密集化部署在提升谱效的同时也大大增加了系统的能耗，降低了通信能效。

（2）自组织网络

自组织网络是由几十到上百个节点组成的、采用无线通信方式的、动态组网的、多跳的移动性对等网络。这种技术将移动通信、计算机网络完美结合，其目的是通过动态路由和移动管理技术传输具有服务质量的多媒体信息流，可以解决因地区差异带来的网络问题。

这种技术的工作原理是通过UE（用户终端）、eNB（基站）提供的测量结果，在本地eNB或网络展开管理，优化参数。5G使用自组织网络技术能解决两个问题，一个是在网络部署阶段实现自我规划和配置，另一个是能够维护、优化网络，在配置网络上成本更低，也可以减轻业务员的工作量。

（3）信息中心网络

随着网络的飞速发展，音频和视频的播放量逐渐增大，流量也要随之增加，这就增加了数据流量分发的压力。为了达到网速和流量之间的平衡，建立一种新的网络体系结构势在必行，这种新的网络体系结构被称为信息中心网络（Information Center Network，ICN）。

信息中心网络中的信息包括实时媒体流、网页服务、多媒体通信等。建立信息中心网络可以帮助网络分发信息、查找信息并且传递信息。与传统网络体系结构相比，信息中心网络可以忽略IP地址的作用，网络层就可以解析出信息的名称，路由器可以缓存信息和数据。用户发出信息请求后，可在最短的时间内做出回应，在加大网络安全性的同时极大地提高了网络工作的效率。

2.3.2　D2D通信技术

D2D全称是Device-to-Device，意思是从设备到设备。D2D通信技术是指两个对等的用户节点之间直接进行通信的一种通信方式。有了D2D，网络的资源得到了更好的利用，网络容量得到扩大。在由D2D通信用户组成的分布式网络中，每个用户节点都能发送和接收信号，并具有自动路由（转发消息）的功能。

D2D通信作为4G技术中的一项关键技术，一直备受关注。其最大的应用在于构建移动蜂窝网络，与移动蜂窝网络有一个等式关系，即D2D通信链路所需要的资源＝一个蜂窝通信链路需要的资源。

D2D通信可以分担蜂窝网络的使用，加快网速，减少网络基础设施发生故障的次数，同时在小范围内可以提供点对点的数据网络服务；可以从宏蜂窝基站获取通信需要的频率资源以及传输功率。把D2D放在一个小区里面，这个小区里面的客户不仅可以通过基站进行通信，还可以通过D2D来进行通信。

D2D通信和蜂窝基站使用的资源是一样的，在一个小区里，网络的控制还是通过基站。D2D通信和蜂窝基站的同时存在必然会导致网络受到一定的干扰和阻碍，所以在D2D通信和蜂窝基站同时提供网络的时候，就需要系统基站掌握D2D通信的使用资源和发送功率，最大程度地减少网络干扰，让小区的用户享受最好的上网体验。

如果小区内网络使用人数较多，密集程度达到LTE-A网络，这时基站网络的压力很大，网速会受到很大影响，用户的上网体验也会变差，所以，5G会在通信方式上有所创新，以此来减轻小区内基站网络的压力。

一个公司的主管在给员工开视频会，使用4G D2D通信方式，因为人数多、视频需要的数据多导致上网速率变慢，视频播放不流畅，影响工作效率。如果这时改用5G D2D通信方式，因为有D2D通信为系统基站分担网络拥挤，网速会提升，员工们会很快收到主管发来的视频，整个会议不会因为网速受到影响，而且在使用视频的同时，数据网络也可以使用，员工可以下载主管发到群里的文件。

可见，5G时代的D2D通信技术有很大的优势，那么这些优势体现在哪些方面呢？具体有3个，如图2-10所示。

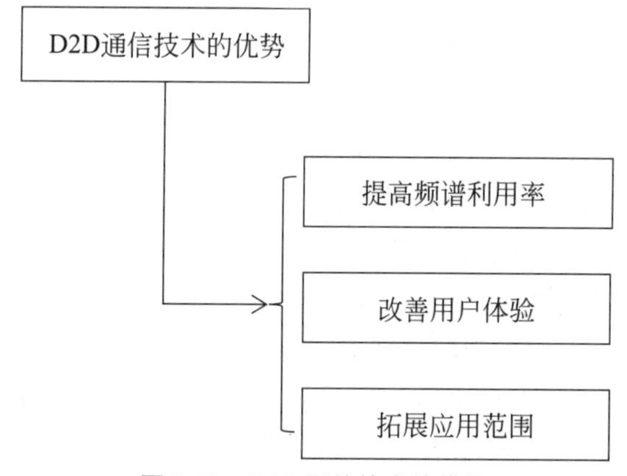

图2-10　D2D通信技术的优势

（1）提高频谱利用率

在该技术的应用下，用户通过D2D进行通信连接，避开了使用蜂窝无线通信，因此不使用频带资源。而且D2D所连接的用户设备可以共享蜂窝网络的资源，提高资源利用率。

（2）改善用户体验

随着移动互联网的发展，相邻用户进行资源共享、小范围社交以及本地特色业务等，逐渐成为一个重要的业务增长点。D2D在该场景的应用是可以提高用户体验的。

（3）拓展应用范围

传统的通信网需要进行基础设置建设等，要求较高，设备损耗或影响整个通信系统。而D2D的引入使得网络的稳定性增强，并具有一定灵活性，传统网络可借助D2D进行业务拓展。

D2D通信也有其缺陷，即在小区内使用D2D通信会对网络造成一定的干扰，虽然干扰的程度不是很严重，但是仍然需要终端控制和协调。保证D2D通信能够在不产生干扰的情况下协助系统网络，是当务之急。

2.3.3　3D-MIMO技术

5G的进步不仅体现在网速方面，也体现在容量方面。网络能够支持的业务越多，使用的容量就会越大，原本4G的发展给网络的容量增加了许多压力，5G的发展会继续增加网络的压力。

为了缓解网络的压力，TD LTE引进了许多新的技术，例如3D-MIMO、协同多点传输技术、256正交振幅调制、载波聚合、上行数据压缩等。在这些技术之中，3D-MIMO起的作用最大。

3D-MIMO利用二维天线阵列和信号处理算法能够得到成形的三维波束，成形的三维波束可以减少网络使用过程中产生的干扰，实现一个空间多个用户复用。可以说，3D-MIMO是5G所有技术中最重要的技术之一。

与2D-MIMO相比，3D-MIMO的天线端口数多，实现了从水平维度调整波束到二维天线阵列，可以在水平和垂直两个方向轻松调整波束，然后产生更窄、更加精确、具有指向性的波束，这样终端获取信号的强度就会增大，小区覆盖的强度也会增强。而且3D-MIMO打破了2D-MIMO在水平维度区分客户、同时同频提供有限制的服务，扩大了同时同频提供服务的范围，同时扩大了网络使用的容量。2D-MIMO是在一个小区内提供网络服务，3D-MIMO可以在多个小区内提供网络服务，并且降低干扰。

3D-MIMO的应用十分广泛，室内室外都有应用，如室外的宏覆盖、微覆盖、高楼覆盖和室内覆盖。

宏覆盖一般用于室外大型场地、用户较多、所用业务需要大量数据和容量的情况。

微覆盖主要应用在室外，若某个地方有大量人共同需求一个热点，微覆盖就会覆盖这些人所在的区域，例如露天聚会、商务会议等。

微覆盖和宏覆盖相比，虽然覆盖的面积小，但是可以承受的用户密度大，不过两者都需要用3D-MIMO来提升系统的容量。

高楼覆盖场景一般是在室外且位置不高的地方建立一个基站，这个基站可以覆盖附近的整栋大楼。高楼覆盖通常用于一个企业或者一栋大楼的办公，员工分布在一栋大楼里的不同楼层。高楼覆盖具有垂直大角度的覆盖能力，不像传统的基站需要多根天线，加上3D-MIMO的配合，三维波束可以实现整栋大楼的覆盖。

室内覆盖可以覆盖室内的大面积，在现实中应用也十分广泛，例如体育比赛、演唱会、购物商场、大型招聘会等。因为是在室内，会场面积较大，所以基站的位置可以在会场的顶端或者是会场顶部的所有角落。

和传统的基站相比，室内覆盖的信号更强、更集中。3D-MIMO具有覆盖能力，保证室内的所有用户接收到信号，既能覆盖所有用户，又通过三维波束提高信号质量。

3D-MIMO的作用要根据场景的设定来体现，合适的场景才能发挥出最大的作用。

2.3.4 微基站技术

微基站对于5G网络通信也有着十分重要的作用。根据基站的覆盖面积和功率将基站分为四类，分别是宏基站、微基站、皮基站、飞基站。5G网络中用得较多的是微基站。原因有三个，如图2-11所示。

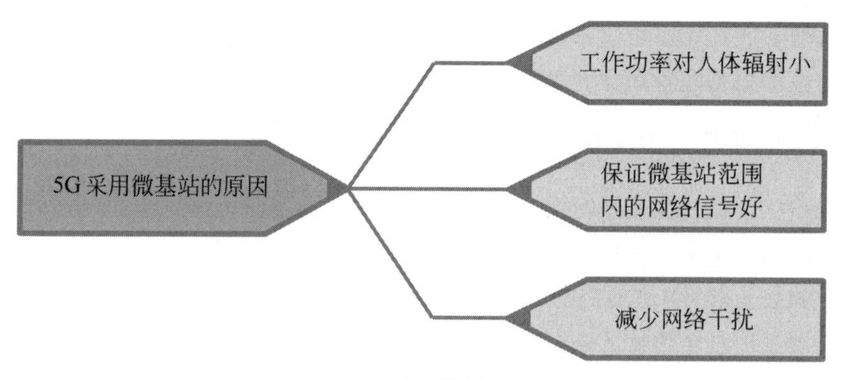

图2-11 5G采用微基站的原因

① 工作功率低对人体辐射小 微基站在20MHz带宽下工作，单载波发射功率在500mW ～ 10W，覆盖半径在50 ～ 200m之间。

② 保证微基站范围内的网络信号好 虽然微基站投入的数量多，但是可以保证在微基站范围内的网络信号好。微基站一般情况下放置在室内或者人群聚集的地方。

③ 减少网络干扰 5G使用的高频波段的长处是频道宽、传输速率快、延迟时间短；短处是绕过物体的能力和穿透物体的能力都很弱，在远距离的情况下很容易受到干扰。为了减少干扰，给用户提供更好的网络通信体验，5G只能选择覆盖面积小的微基站。

随着5G的商用，微基站的设置数量也会越来越多，为了给客户提供好的网络体验，微基站有极大可能进入家庭，和路由器一样成为家庭上网的必备品。

2.3.5 边缘计算

边缘计算的含义是在距离物体或者数据源近的一侧，通过网络、计算、存储和应用核心能力共同建立的开放性的平台，可以根据距离为附近的客户提供服务。

在这个应用中，应用程序是在边缘的一侧启动，能够在接到请求后在最短的时间内给予相应的网络服务回应。边缘计算能够提供实时业务、保护客户安全等服务。

边缘计算在5G中发挥着十分重要的作用，可以说边缘计算是5G中最重要的技术。

5G的研发消耗了大量的财力和物力，但是在研发过程中还是希望能够用最少的成本完成任务，建立最好的网络功能。5G承载网的带宽、延迟是难以解决的问题，采用边缘计算之后就可以将大部分的业务在网络的边缘完成。

5G扩展了三大应用场景，大带宽、大规模连接和超低时延高可靠这三个应用场景的出现对无线侧、软件和硬件的要求进一步升级。三个应用场景的要求不同，但是在传输的一侧，硬件的技术却是不能无限升级的，为了满足三大应用场景的要求，就需要优化网络结构。

5G的三大应用场景对传输侧的要求不同，因为硬件技术的限制，承载网需要采用新的技术，其中包括资源池云化、能够控制平面或者用户分离的技术、能够应对不同应用场景的技术等。

在传统的网络结构中，使用的网元功能齐全，但是单一的网元必须有自己的配置，两个网元之间几乎不影响。在5G的三个应用场景中，因为各自对网络性能的要求不同，所以就要把每个网元都单独分离出来，把平面留在核心网。这样，城域网、回传网和接入侧前传网三个部分的网元就各自工作，做用户平面数据的转发和处理。网元虽然工作独立，但是资源还是具有流动性的，使用自己需要的资源，发挥网元存在的作用。

传统网络的结构中，处理信息的工作多数是在核心网的、号称数据中心的机房中完成。工作的流程是信息从网络边缘传输到核心网，核心网进行处理，然后发回网络边缘。而5G中，因为新场景的出现，传统的网络结构已经远远不能满足现在的需求，引入新的技术已经势在必行，提高网络技术和功能才能跟上5G的步伐。

边缘计算可以使用在不同的应用中，而且可以满足不同的网络要求。引入边缘计算技术有很多好处，它可以让邻近接入侧的机房有更加强大的计算能力。对于网络来说，可以减少业务的延迟时间，减少传输中带宽的压力，减少网络传输中产生的成本，同时还可以提升内容分发的效率，让客户拥有更好的上网体验，如图2-12所示。

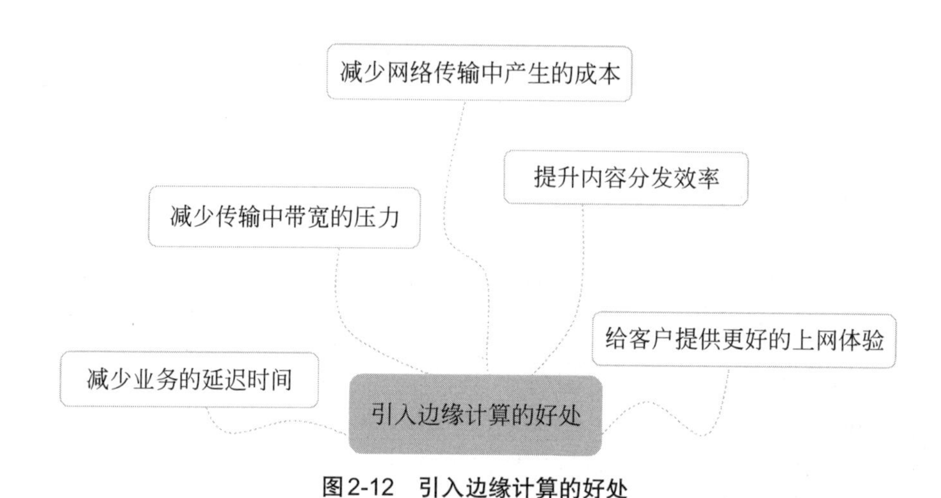

图2-12　引入边缘计算的好处

新的传输网架构中，在邻近接入侧的边缘机房设置网关和服务器，可以提升计算能力，加快计算速度，工作流程在边缘机房进行，边缘机房可以直接对时延低的业务、局域性的数据和低价值量的数据进行处理和传输，减少了传输给传输网和返回核心网两个流程，从而缩短了时延，也减少了传输压力。

为了配合边缘计算的工作，处于底层的网络节点必须提升计算和转发的能力，更新运营商组网结构，边缘计算才能发挥更大的作用。

第3章 5G+AI：为AI发展提供新动力

5G为AI的发展提供了新动力，促使AI释放更大的潜能，将改变AI的整个发展格局。5G与AI结合，是新时代发展的必然趋势，5G网络推出后，人工智能将会是首先获益的领域，这项技术会大行其道。

AI概述

3.1.1 定义

AI是人工智能（Artificial Intelligence）的英文缩写，是计算机科学的一个分支，以研究、开发用于模拟、延伸和扩展人的智能理论、方法、技术及应用系统为目标，包括机器人、语言识别、图像识别、自然语言处理和专家系统等。

人工智能（以下称AI）一词最早出自1956年，由被誉为“人工大脑之父”的美国科学家，雨果·德·加里斯在达特茅斯大学举办的一次研讨会中提出。这也被认为是人工智能学科诞生的标志。

此后，研究人员发展了众多理论和原理，AI的概念也随之扩展。AI的概念可以分为两部分来理解，一个是人工，另一个是智能。人工就是可以像人一样工作，人能做到的，它就可以做到。智能可以理解为智慧和能力，即思维、推理、规划、行动的能力。

3.1.2 发展历程

从1956年至今AI已经发展了60多年，取得了重大成就，同时也充满曲折。业界大多数研究者将其发展历程划分成了6个时期，具体如图3-1所示。

图3-1 AI发展的6个时期

（1）起步期

起步期是指自1956年概念提出后到20世纪60年代初。这一时期是计算机刚刚诞生的时代，AI相继取得了一批令人瞩目的研究成果（如图灵测试），影响深远，直到今天仍被计算机科学家乃至大众所重视。以图灵测试为标志，数学证明系统、知识推理系统等里程碑式的技术和应用，还有机器定理证明、跳棋程序等，掀起AI发展的第一个高潮。

计算机可以解代数应用题，证明几何定理，学习和使用英语。当时大多数人几乎无法相信机器能够如此“智能”。不过，这一时期的成果主要限于理论层面。

（2）反思期

反思期是指20世纪60年代至70年代初的十几年间。这一时期之所以称为反思期，是因为遇到的失败与挫折比取得的成就多很多。由于在初期已经取得突破性进展，有些研究者就在此基础上更大胆地设想，有的激进派认为具有完全智能的机器将在20年内出现。

比如，有人曾做出了如表3-1所列的预言。

表3-1　AI在20世纪60年代至70年代初的大胆设想

时间	预言
1958年	H.A.Simon，Allen Newell：“10年内，数字计算机将成为国际象棋世界冠军。”“数字计算机将发现并证明一个重要的数学定理。”
1965年	H.A.Simon：“20年内，机器将能完成人能做到的一切工作。”
1967年	Marvin Minsky：“一代之内……创造‘人工智能’的问题将获得实质上的解决。”
1970年	Marvin Minsky：“在3～8年的时间里我们将得到一台具有人类平均智能的机器。”

然而事实证明，这一时期提出的一些目标是不切实际的，按照当时的条件根本无法实现。

AI研究的一个重要目标是使计算机能够通过自然语言（如英语）进行交流，然而早期在自然语言研究方面遇到了瓶颈。当时的设想非常好，可由于计算机内存和处理速度非常有限，结果只能用一个含20个单词的词汇表进行演示，因为内存只能容纳这么多。可以说，AI在自然语言方面的研究，完全是被有限的计算机技术所耽搁。

正如时任卡内基·梅隆大学移动机器人实验室主任Hans Moravec（汉斯·莫拉维克）在1976年指出的：计算机离智能的要求还差上百万倍。他打了个比方：人工智能需要强大的计算能力，就像飞机需要大功率动力一样，低于一个门限时是无法实现的。

之后，失败接二连三袭来，预期频频落空，从而也使得人工智能研究陷入停滞，很多研究人员也开始反思自己的思路是否正确，步子是不是迈得太快了。

（3）应用期

20世纪70年代初到80年代中期，是AI的应用期，在这一阶段，AI正式从理论研究走向行业实践，尤其是在医疗、化学、地质等领域取得成功，着实解决了很多实际问题。

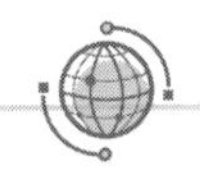

专家系统是AI在这一时期最重要、最活跃的一个应用领域，它实现了人工智能从理论研究走向实际应用、从一般推理策略探讨转向运用专门知识的重大突破。

这是一种模拟人类专家解决某领域问题的计算机程序系统，其内部含有大量的某个领域专家水平的知识与经验，能够利用人类专家的知识和解决问题的方法来处理该领域问题。

也就是说，专家系统是一个具有大量的专门知识与经验的程序系统，它应用人工智能技术和计算机技术，根据某领域一个或多个专家提供的知识和经验，进行推理和判断，模拟人类专家的决策过程，以便解决那些需要人类专家处理的复杂问题。

AI的应用十分广泛，除了专家系统，还有语言翻译、图像和文字识别、数据储存、智能控制、自动设计程序、处理信息、管理数据、指纹识别、人脸识别、视网膜识别、虹膜识别、掌纹识别、遗传编程、智能搜索等，大大方便了人们的生产、生活、工作和学习。

（4）低迷期

20世纪80年代中后期，随着AI的应用规模不断扩大，以AI为基础的诸多应用逐渐显现出很多弊端。仍以专家系统为例，出现的问题包括应用领域狭窄、缺乏常识性知识、知识获取困难、推理方法单一、缺乏分布式功能、难以与现有数据库兼容等。

（5）稳步发展期

稳步发展期是指20世纪90年代中期至2010年这一阶段。网络技术特别是互联网技术的发展，加速了AI的创新研究，促使AI技术进一步走向实用化。

这一时期的标志性事件：1997年，国际商业机器公司（IBM）深蓝超级计算机战胜了国际象棋世界冠军卡斯帕罗夫；2008年，IBM提出“智慧地球”的概念。

（6）蓬勃发展期

2011年至今属于AI的蓬勃发展期。随着大数据、云计算、互联网、5G等信息技术的普及，AI飞速发展，大幅跨越了科学与应用之间的“技术鸿沟”，诸如图像分类、语音识别、知识问答、人机对弈、无人驾驶等，实现了从“不能用、不好用”到“可以用”的技术突破，迎来爆发式增长的新高潮。

在新的时代背景下，AI应用的范围也大大扩展，包括金融、医疗、交通、新零售、安防以及工业制造等诸多方面，真正解决了各个行业的痛点，具体如表3-2所示。

表3-2　AI可解决的各行业痛点

领域	所能解决的问题
金融	利用语音识别、语义理解等技术打造智能客服
医疗	智能影像可以快速进行癌症早期筛查，帮助患者更早发现病因
交通	无人驾驶通过传感器、计算机视觉等技术解放人的双手和感知
新零售	利用计算机视觉、语音/语义识别、机器人等技术提升消费体验
安防	利用计算机视觉技术和大数据分析犯罪嫌疑人生活轨迹及可能出现的场所
工业制造	机器人代替工人在危险场所完成工作，在流水线上高效完成重复工作

5G与AI相结合的效果

5G与AI结合后产生的效果，不单单是两种技术的相加，而是呈指数级增长，远远超过了单一技术的使用效果。

案例3-3

例如，一场足球比赛同时面向全国球迷直播，所有人看到的都是同样的内容。而在AI和5G背景下，每个人看到的内容是不一样的，真正实现“一千个读者眼里有一千个哈姆雷特”的效果。

那么，这是如何实现的呢?

首先，直播人员通过赛事现场的十几个机位拍摄高清视频，通过5G网络传至云端。其次，再利用AI算法，结合开球、争夺、球员等各个不同要素对赛事进行分析、识别和追踪。通过AI技术分析、剪辑，呈现出不同比赛效果，最后通过5G网络呈现到观众面前。这就相当于每个人都拥有一个专属的AI剪辑师，可以自己去定义想看的比赛内容。此时，观众获得的赛事信息是不同的，虽然是同一场比赛，但不同人看到的精彩细节不同。

打个比方，某观众是梅西的球迷，那么这位观众看到的内容将是围绕梅西来呈现全场比赛。

5G和AI作为两种新技术，已经是不可逆的未来，也代表着两种革命，两者的结合可谓“在对的时间、对的地点，遇到了对的‘人’”。这场完美邂逅将开启前所未有的新征程，在各行各业迸发出超乎想象的效果，具体可总结为如图3-2所示的两个方面。

图3-2　5G与AI结合后的效果

（1）5G让AI无处不在

4G是面向人的连接，而5G则建立了面向万物的连接，这就为AI万物智能奠定了基础。5G会让AI无处不在，从为人服务转变成同时为人和物服务，存在重大技术突破。

不同于过去2G到4G时代重点关注移动性和传输速率，5G不仅要考虑增强宽带，还要考虑万物互联、未来需求多样化、关键技术多样化、演进路径多样化等多个维度。5G需求也变得十分多样化，技术和演进路径自然也复杂了很多倍。

当前运营商网络复杂度越来越高，数据的流量呈爆炸性增长，用户流量也呈爆炸性增长，现有的网络设备没办法满足用户的数据需求。因为网络复杂度增加，运维、网络建设成本都大大增加了。尤其5G不仅是连接人与人，而且是连接物与物，现有的网络维护和管理方式还是人工干预的方式，已经没有办法适应5G时代网络的需求。

因此，5G需要“自能”化的管理，自主地进行连接路径选择、自动地进行网络连接健康状态分析，甚至是对已知故障自己进行修复等。利用AI的自主学习、数据分析等技术特长，赋予5G“自主”“自能”的能力。

（2）5G赋予AI更加广阔的连接

海量的连接和数据，只有通过5G才能实时上传到云端用于AI的学习和训练，同时，AI运算结果也会通过无处不在的5G网络作用到千行百业。

5G从边缘到云端的连接是迄今可以遇到的最理想的连接。通过5G的连接，将决策、规划部分放到云端处理，从边缘端到云端加倍赋能，让AI的算法有能力提取出相应的关联并提升自己；个体得到提升之后，通过5G网络和云端“大脑”，能力将快速分发到其他个体。

随着车联网、自动驾驶、信息共享技术的成熟，AI驱动的汽车已经逐步纳入到智慧交通乃至智慧城市这个大的网络平台中，因此，我们也似乎看到了一个释放社会生产力的新体系——无人驾驶，将大量的人类驾驶员从驾驶中解放出来。

在无人驾驶这个体系中，汽车只是一个智能节点，它会与智慧交通、智慧城市的AI通过5G进行连接。汽车的行车路线规划、时速、启停均可受到智慧交通AI的统一管理。车辆传感器会将行车过程中的路况信息及时与智慧交通AI进行同步。当有紧急或意外情况发生时，车辆AI主动进行控制，同时向智慧交通AI实时进行汇报，以便等候进一步的处理指令。而智慧交通AI则会向其他相关自动驾驶车辆进行信息同步，并产生进一步的自动控制。

针对此，简单做一个计算，假设每天上路5000万辆汽车，其5000

万个驾驶员每天开一小时车，就是5000万小时。如果自动驾驶得到突破，会催生更多的无人系统，节省更多的时间。

5G的网络连接解决了自动驾驶过程中的数据洪流问题，但只有加上AI才能让无人驾驶车具备认知能力。5G在自动驾驶中已经有了应用场景的落地，比如自动驾驶测试中的远程安全监控。

这些端对端连接的数据，不能通过手工处理，而是要用自动化的方法处理，这就需要人工智能的充分利用。从数据的筛选、优化、过滤到网络设计的灵活化、软件化，都需要人工智能的运用。

AI与5G结合之后，机器将产生类似于群体智慧的能力，为整个社会带来价值，也将催生网络本身自适应能力的要求，这是一个互促式、螺旋式发展的新机会。

5G是万物互联的基石，AI是万物互联网的助推器。两者作为新时代的生产力，将带来整个社会生产方式的改变和生产力的提升。两者相加，互相作用，AI将使能于5G，优化5G网络，推动5G落地。

具备AI属性的5G网络是自能的网络。5G同样是使能技术，改变生产方式、改变社会生活，让AI无处不在。5G作为新的基础网络设施，不单为人服务，还为物服务，为社会服务。5G的连接能力，将推动万物智能互联。但AI和5G不会只是两者相加，未来的发展更多的是AI × 5G。

5G背景下的AI

3.3.1 为AI发展提供新动能

AI被认为是互联网的下一代，具有广泛的适用性，未来，所有行业都有可能因为AI的引入而获益。要让AI辅助各行业更好地获益，则必须依赖于5G。5G可以为AI应用提升网速，打造丰富应用场景，更可以促使其从“智能”走向“自能”，成为驱动AI的新动力，为AI在各行业的运用提供新动能。

那么，什么是自能呢?

自能（Autonomous）是一个非常新潮的词，它首次出现在2018年的一次主题为“数造未来IN无止境”的英特尔中国媒体“纷享会”上。英特尔描绘了自能世界振奋人心的未来图景。

展望未来的世界，最让人兴奋的趋势就是自能的兴起。自能世界是一个更加以人为本的世界，人制定规则与前景，而机器只是延伸了人，增强了人，解放了人，最终还需要沿着人的规则和前景从事一切行为。

在科研中，很多时候要求机器人能应对多场景、多任务，处理不同数据样本和不同数据格式。但仅凭现有的机器人远远无法满足需求，还必须靠人给机器“喂”大量的数据。假如有一种机器可以自我收集数据、自我训练，同时做出决策，这就需要边缘计算的协同，以此实现做出实时决策。自能机器人由于有了5G技术的加持，完全可以实现像人一样的搜集、分析和决策能力，结合需求做出融合、综合的判断。

可见，当前尽管AI在很多应用场景已经实现了“智能”化，实现了机器代替人，但优势并不明显，很多时候还是人在做，以人为主，以机器为辅。5G与AI的结合最终目标不是实现智能，而是自能，给机器以智慧，让其有人一样的大脑，像人一样工作，突破机器的限制，超越机器的功能。

具体到企业中，利用5G、AI等技术实现自能也是未来的大趋势。自能的企业将有更多的发展机遇和空间，用前所未有的方式运营，为用户提供超乎想象的产品服务和体验。

在新零售中，一种新的模式出现，就是自能零售，具体的表现形式是无人商店。该模式主要是基于5G网络和人工智能的边缘计算技术，实现“知人、知货、知场”自能零售现场。

Amazon Go是亚马逊推出的首个无人零售店，于2018年1月22日向公众开放。它彻底颠覆了传统便利店、超市的运营模式，使用计算机视觉、深度学习以及传感器融合等技术，彻底跳过传统收银结账的过程。

消费者只需下载Amazon Go的APP，在商店入口扫码成功后，便可进入商店开始购物。Amazon Go的传感器会计算顾客有效的购物行为，并在消费者离开商店后，自动根据顾客的消费情况在亚马逊账户上结账收费。这种无人便利店构想的关键技术在于其特殊的货架，它通过感知人与货架之间的相对位置和货架上商品的移动，来计算是谁拿走了哪一件商品。

就无人商店目前的发展现状来看，更多的还是停留在概念层面，大范围普及难度较大。限制无人商店普及的因素，一个是涉及的技术多、难度大，另一个是成本很高。在5G逐渐普及的大背景下，成本是决定无人便利店能否普及的核心因素。

即使亚马逊的Amazon Go技术达到了应用水平，但成本还是居高不下。国内的京东也在努力做无人便利店，目前的困境也是成本问题。京东内部高管称，京东会做一个比较实际的解决方案，使得商家能够在可接受的成本范围内解决用户需求。

最后总结一下5G和AI在实现自能过程中扮演的角色。5G是基础设施，如同“信息高速公路”一样，可带来更为高效的传输速率，为庞大数据量和信息量的传递提供了基础；而AI是云端“大脑”，是能够完成学习和演化的神经网络。AI将赋予机器人类的智慧，5G将使万物互联变成可能。两者是互相促进、互相作用、互相影响的。

3.3.2 深化AI的发展层次

5G是AI的加速器，将为AI提供新动能。AI在各行业的应用，对数据传输、信息处理等有更高要求，而5G网络恰恰具有大容量和高速性。这些特点可以大大提升网络传输速率，可容纳大量数据和信息，从而保证从不同侧面进一步加速AI技术的发展、应用、落地，促进整个AI产业链的智能升级。

AI产业链按照技术级别的不同，从上到下又可以分为三个层次，分别是基础层、技术层、应用层。其中，基础层属于计算基础设备，距离“云”最近；应用层属于行业应用及产品，距离“端”最近；技术层属于软件算法及平台，是基础层与应用层的桥梁。

（1）基础层

基础层是整个AI产业链的基础，核心是硬件及软件研发，如芯片、传感器、数据资源、云计算平台等，为AI提供数据及算力支撑。

5G大大拓展了AI产业链，尤其是在基础层的促进下，让其硬件及软件的研发更加快速落实到行业应用中。

以芯片为例，作为AI产业的核心硬件，有分析认为，正是因为5G市场规模的进一步扩大，2020年AI芯片市场规模达到146.16亿美元，约占AI市场规模的12.18%，发展迅猛。

（2）技术层

技术层是AI产业链的核心，主要是研究各类感知技术与深度学习技术，包括算法理论、开发平台和应用技术，并基于研究成果实现AI的商业化构建。

AI技术研究包括3个内容，如图3-3所示。

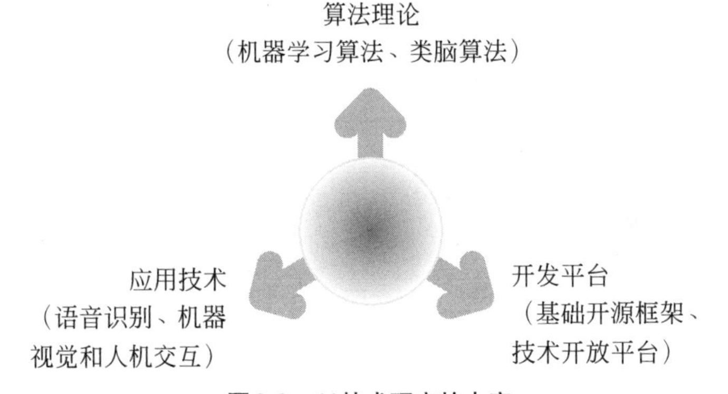

图3-3　AI技术研究的内容

AI技术研究中的算法理论以机器学习算法、类脑算法为主，开发平台以基础开源框架、技术开放平台为主，应用技术以语音识别、机器视觉和人机交互为主。其中以语音识别、机器视觉为代表的技术最为成熟，达到实用化水平。因此，鉴于语音识别、机器视觉的成熟化，机器视觉、智能语音也成为代表当前AI技术的最高层次。

AI技术这个层面与5G联系是最为紧密的，而且很多时候相辅相成、密不可分，研究AI技术必然会涉及5G技术，而研究5G技术又离不开AI技术。

从事AI技术研究的多是互联网公司，比如谷歌、亚马逊、脸书等，而这些公司也恰恰是5G技术的研发者，因此，AI技术和5G技术有很多重叠、一脉相承之处。

（3）应用层

应用层是产业的延伸，主要将各类AI技术应用到实际细分领域，实现向各传统行业的渗透，满足人们生产生活的具体需求。这个层次可以从行业解决方案（“AI+”）和典型产品（机器人、智能音箱、智能汽车、无人机等）两个角度来看。

行业解决方案就是“AI+传统行业”，换句话说就是AI在各行各业的实际运用。例如对于交通，AI方案将提高城市通行效率，改变人们的出行模式。典型产品就是通过AI技术研发出的智能产品，主要是对于消费市场而言，如智能音箱、智能家居、工业机器人等。

这个层次与5G的关系比较好理解，无论是行业应用，还是典型产品，最终都必须依赖高速度、大容量、低时延的5G网络来带动。

随着5G的到来，AI将实现跨越式发展，AI系统会更加灵活，AI的社会影响也将更加明显。

3.3.3 拓宽AI的应用领域

2011年后，AI进入了一个蓬勃发展期，商业化的趋势也越来越强，深入到教育、医疗、交通等多个行业。而5G的全面发展，不但扩大了AI的应用范围，从特定行业扩大到全行业，还为其大规模商业化应用开辟了新途径。

（1）教育领域

早在2003年，AI已经作为一门选修课程被列入高等教育，2017年又列入中小学阶段教育。至2021年，AI在教育领域运用已经很广泛，并取得了很大的突破，传统教育模式、学习方式逐步被取代，“AI+教育”新型模式逐步凸显出来。

现在PPT课堂非常普遍，大中专院校甚至小学都在用。教师只需要准备上课所需要的PPT和一些备课资料，利用成像技术，通过电脑与投影仪的连接，把图像投影到屏幕上即可，不仅方便快捷，还可让所讲内容更加生动直观，易于被学生理解和接受。

此外，还有语音识别系统，对发出的声音进行改进和纠正。图像识别技术、无人批改试卷等都是人工智能在课堂上的应用。

5G的出现，让AI与课堂结合得更紧密，可以让AI技术更充分地体现在课堂中。例如，一系列智能教育机器人的出现，给广大师生带来了诸多便利，既能够帮助教师减负，提高科研和教学质量，又能够实现学生个性化发展，让学生的学习生活不再枯燥、单一。

另外，在一些特殊教育中，针对聋哑、自闭症及肢体残疾的学生，5G+AI发挥着至关重要的作用，可以为每个孩子制定专业、个性化的教育，最大程度地满足不同特殊人群生活和学习的需求。

（2）医疗领域

AI在医疗领域有着不可或缺的作用。比如，利用计算机视觉技术，医生可以对医疗影像进行更加准确、更加快速的读片和智能诊断；利用语音识别技术，医生可以快速录入病人的病情，并可以与标准的医学指南进行比较，大大提高工作效率。

在5G全面展开的热潮下，AI在医疗领域的发展也将再创佳绩，使AI更加深入地运用到临床医疗诊断、检验医学、现场手术、药物研究以及医学影像诊断（如肺部肿瘤的计算机检测、X射线照相术、心脏大小的计算分析等）中。

5G+AI在医疗领域的作用是多方面的，具体表现为5个方面，如图3-4所示。

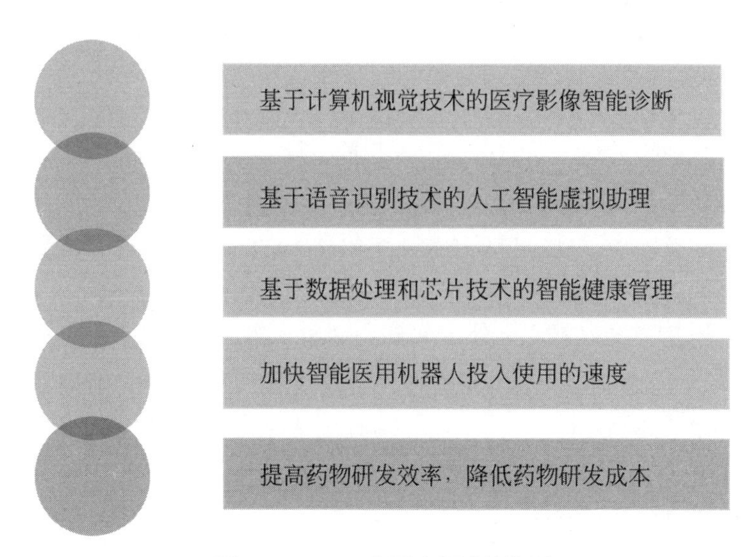

图3-4　5G+AI在医疗领域的作用

（3）智能家居

AI在智能家居方面应用也非常多，被认为是未来最成熟的、最有可能普遍推广的一个领域。目前，AI在智能家居中的运用成果主要体现在5个方面，具体如表3-3所列。

表3-3　AI在智能家居中的运用

系统	功能
智能家电控制系统	通过对家电的远程控制，无论身在何处都可控制家里温度、湿度，提供温暖舒适的空间
智能灯光控制系统	遥控家里灯光开关，调节光线
智能影视系统	通过在家里安装影像机，通过遥控，足不出户就可以有置身于电影院的感受
智能安防监控系统	用户可以随时查看家里的影像资料。如发生有害气体泄漏、火灾等，安防监控系统就会及时发出警报
智能缴费系统	通过手机APP可随时查看家里电、水、天然气等的使用情况，可实现随时缴费、欠费提醒等功能

可见，AI在家居领域有着广阔的市场前景，需求巨大。这不仅推动了AI技术研发水平的提升，而且促进了软硬件协作融合及应用场景创新，还有利于智能家居生态网络的形成。

在智能家居方面，5G的高速率、低时延将发挥得淋漓尽致。5G将为智能家居行业提供更快速的互联网。高速率意味着不必担心人脸识别无响应，也意味着摄像机等安全设备之间的通信更好；低时延意味着设备消耗少，响应更快。在使用自动化实现想要的场景中，时常发生设备响应延迟问题，主要原因是大部分设备都是通过Wi-Fi 2.4GHz连接，2.4GHz的缺点就是信道干扰多，5G网络可以很好地解决这个问题。

除了上述几个重点领域之外，AI还在交通、物流、智能制造、智慧农业等多个行业有广泛的应用，由于这部分会在后面内容中结合5G进行详细阐述，这里不再一一列举。总之，AI专业化程度越来越高，伴有5G技术的加持，不仅有利于各行各业工作模式的改进，而且可以提高工作和生产效率，为企业创造更大的效益，为消费者提供更好的体验。

第4章 5G+智能制造：助力制造业实现自动化

在5G的助力之下，制造业实现了自动化。石油、石化、印刷、纺织、冶金、建材等行业，都可以通过5G连接实现自动化。员工的工作空间会十分充足，工厂内的资源可以实现最大化利用，5G将带给制造业更多的光明和希望。

4.1 智能制造概述

4.1.1 智能制造的定义

随着工业进入4.0时代，智能制造也逐步普及开来。智能制造是指具有信息自感知、自决策、自执行等功能的制造过程、系统与模式的总称。它集智能机器与人的智慧于一身，是制造业的一次深刻革命，促使传统制造业实现了自动化。

作为工业4.0概念的提出者，德国是第一个实践智能制造的国家。下面以德国两家著名企业为例，来看一下智能制造的真实效果。

德国安贝格西门子智能工厂位于德国巴伐利亚州东部的安贝格，是全球智能工厂的典范。

安贝格工厂几乎全部实现了智能化，能够让产品完全实现自动化生产。厂房占地10万平方米，近千个制造单元，仅有1000名员工，所有的工作全部通过互联网来联络，大多数设备都处于无人操作状态下。

最令人惊叹的是，产品不合格率非常低，每100万件产品中，残次品仅有15件，可靠性达到99%以上。

德国博世洪堡工厂是全球第一大汽车技术供应商，尤其是汽车刹车系统（ABS+ESP）在市场上有相当的实力。

博世洪堡工厂有极其特殊的生产线，其特殊之处在于所有零件都有一个独特的“射频识别码”，能同沿途关卡自动“对话”。每经过一个生产环节，读卡器会自动读出相关信息，反馈到控制中心进行相应处理，从而提高整体生产效率。

独立的射频码让每个零件都能“说话”，也是智能工厂的重要体现形式，同时，还给20多条生产线带来了低成本高效率的回报。据悉，洪堡工厂花费几十万欧元引入射频码系统以后，生产效率提高了10%，库存减少了30%，由此可节省上千万欧元的成本。

毫无疑问，智能化已经成为制造业发展的方向，未来，AI技术也将广泛应用于制造过程的各个环节，如工程设计、工艺过程设计、生产调度、故障诊断等。

智能制造是一种面向产品全生命周期，实现泛在感知条件下的信息化制造，是信息化与工业化深度融合的大趋势，核心是“智能化”，目的是实现自动化。

4.1.2　智能制造的内容

智能制造主要包含两大内容，一个是智能制造技术，另一个是智能制造系统，如图4-1所示。

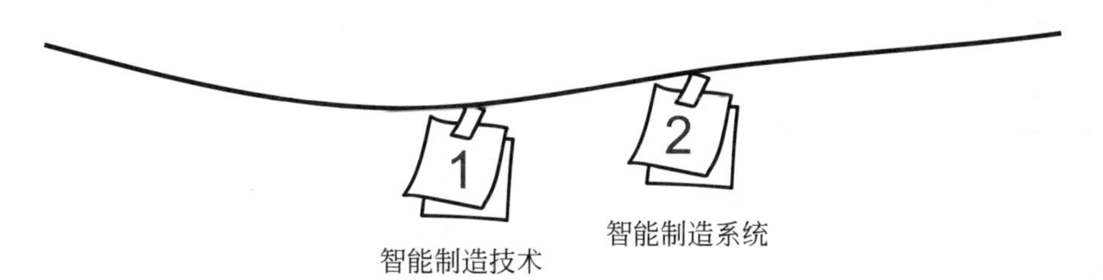

图4-1　智能制造的内容

（1）智能制造技术

与传统制造相比，智能制造最大的不同是在制造过程中的每个环节与信息技术的深度融合，通过智能技术（机器人）对数据进行分析、推理、判断。智能制造技术具体体现在先进的控制技术、新型传感技术、识别技术等，具体如表4-1所列。

表4-1　智能制造技术

技术	解释
先进的控制技术	一种基于工艺模型的多变量预测控制技术，在实践中是一个控制器；是为模拟操作经验丰富的操作工而设计的，对过程动态模型进行控制
新型传感技术	高精度、高效率、高可靠性地采集各种形式的信息，并对之进行处理（变换）和识别的现代科学与工程技术，可对微弱的传感信号进行提取和处理
功能安全技术	是一种对智能装备硬件、软件的功能进行安全分析、设计、验证的技术
模块化、嵌入式控制系统设计技术	这些技术可以实现数据格式统一，是统一编程环境的工程软件平台技术
系统协同技术	是一种系统协同处理技术。此技术可用于设计大型制造工程项目系统整体方案，安装调试工程工具，处理统一事件序列和报警，管理一体化资产

续表

技术	解释
特种工艺和精密制造技术	对精密仪器进行多维度精密加工、成型，以及对产品进行焊接、烧结、粘接的技术
识别技术	包括RFID芯片设计制造技术、天线设计技术、低温热压封装技术、物体缺陷识别技术、RFID核心模块设计制造技术
故障诊断与健康维护技术	对制造过程出现的故障进行诊断、识别损伤、自动修复、调控、维护健康的技术
安全性极高的信息网络技术	信息网络技术是制造过程的系统和各个环节“智能集成”化的支撑。信息网络同时也是制造信息及知识流动的通道，是以5G为代表的新型通信技术

（2）智能制造系统

智能制造系统是指利用互联网、云计算、大数据、移动应用等新技术与产品生产管理深度融合，借助计算机模拟人类专家的智能活动进行分析、推理、判断、构思和决策等，从而取代或者延伸制造环境中人的部分脑力劳动，实现生产模式的创新变革，为客户提供工厂可视化和远程运维解决方案。

产品制造工艺过程的明显差异，生产阶段的不同，以及不同行业在智能工厂建设的侧重点不同，都会导致设计的智能制造系统不同。常用的职能制造系统有以下几种。

① 多智能体系统　这是一种描述计算机软件的智能行为的系统，主要用于对解决产品设计、生产制造乃至产品的整个生命周期中的多领域间的协调合作提供智能化的方法，也为系统集成、并行设计并实现智能制造提供更有效的手段。

② 整子系统　整子系统是由很多不同种类的整子构成的体系。该系统的基本构件是整子（Holon），整子由希腊语延伸而来，表示系统的最小组成个体。每个整子可以对其自身的操作行为做出规划，可以对意外事件（如制造资源变化、制造任务货物要求变化等）做出反应，并且其行为可控。

③ 制造执行系统　这是一种车间信息管理技术系统。制造执行系统（MES）在实现生产过程的自动化、智能化、网络化等方面发挥着巨大作用。MES处于企业级的资源计划系统（ERP）和工厂底层的控制系统（SFC）之间，是提高企业制造能力和生产管理能力的重要手段。

4.1.3　智能制造在各行业的运用

智能制造具体运用到行业实践中，往往是以智能制造装备来体现的。而且在不同的行业中，装备是不一样的。智能制造典型的装备如图4-2所示。

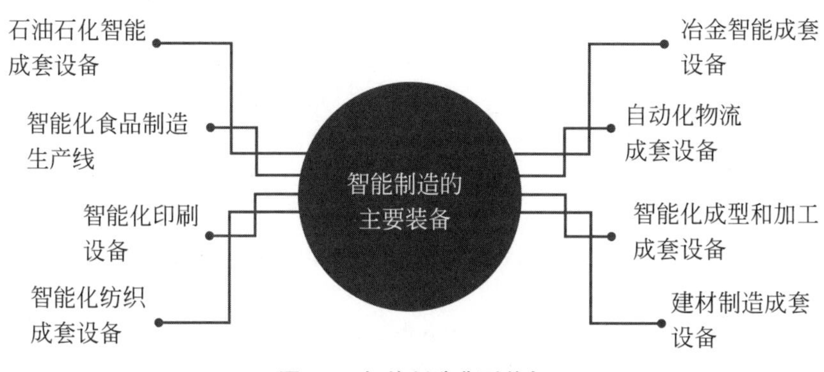

图4-2　智能制造典型装备

（1）石油石化智能成套设备

具有在线检测、优化控制等功能的百万吨级大型乙烯和千万吨级大型炼油装置，多联产煤化工装备，合成橡胶及塑料生产装置。

（2）冶金智能成套设备

具有特种参数在线检测、自适应控制、高精度运动控制等功能的金属冶炼、短流程连铸连轧、精整等成套设备。

（3）智能化食品制造生产线

具有在线成分检测、质量溯源、机电光液一体化控制等功能的食品加工成套设备。

（4）自动化物流成套设备

基于计算智能与生产物流分层递阶设计，具有网络智能监控、动态优化功能，高效敏捷的智能制造物流设备。

（5）智能化印刷设备

具有墨色预置遥控、自动套准、在线检测、闭环自动跟踪调节等功能的数字化高速多色单张和卷筒料平版、凹版、柔版印刷设备，数字喷墨印刷设备，计算机直接制版设备（CTP）及高速多功能智能化印后加工设备。

（6）智能化成型和加工成套设备

基于机器人的自动化成型、加工、装配生产线及具有加工工艺参数自动检测、控制、优化功能的大型复合材料构件成型加工生产线。

（7）智能化纺织成套设备

具有卷绕张力控制功能和半制品的单位重量、染化料的浓度、色差等物理、化学参数的检测仪器与控制设备，可实现物料自动配送和过程控制的化纤、纺纱、织造、染整、制成品等加工成套设备。

（8）建材制造成套设备

具有物料自动配送、设备状态远程跟踪和能耗优化控制功能的水泥成套设备、高端特种玻璃成套设备。

5G是智能制造进一步发展的条件

4.2.1 5G为智能制造提供技术支持

在智能制造技术中，通信网络技术是一项不可缺少的技术，这项技术运用于整个制造过程系统及各个环节，是“智能集成”化的支撑。而5G作为最先进、最前沿的通信网络技术，势必作为技术支撑大范围地运用于智能制造中。

5G在智能制造中作为技术支撑的体现，具体如图4-3所示。

（1）数据串联

随着数字化转型的逐渐推进，物联网连接了人、机、料、法、环、测等多业务元素。5G数据传输快、传输量大等特点可满足串联制造过程中各个环节的通信需求，用于智能工厂当中数据串联与正反向追溯。

（2）自动化控制

之前的工业自动化控制都是通过工厂自动化总线来控制，但是这种应用模式传输距离有限，无法满足远距离操作控制的需求。5G具有极低时延、高可靠

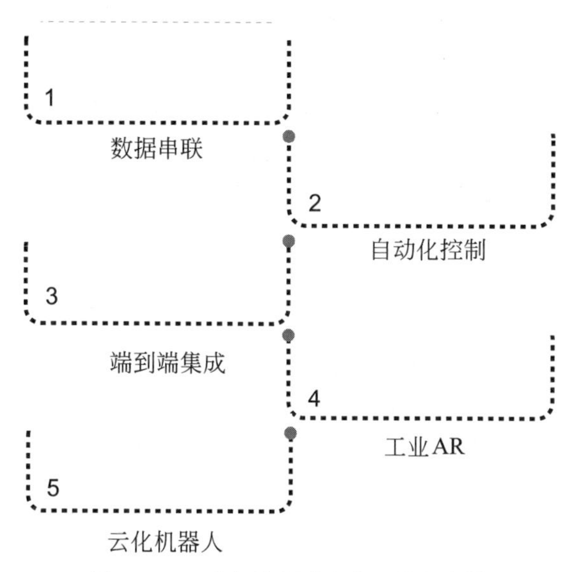

图4-3　5G在智能制造中作为技术支撑

性等特点，远程控制工程机械成为可能。

（3）端到端集成

由于数字化转型的推进，部分企业将业务范围由制造端拓展到服务端。拓展到服务端后则需要端到端整合跨越产品的整个生命周期的信息，要连接分布广泛的已售出的商品信息，需要低功耗、低成本和广覆盖的网络，企业内部各个部门与企业之间（上下游企业）的横向集成也可通过网络传输数据，5G的技术特点刚好满足该类需求。

（4）工业AR

在流程式生产企业中，需要人到现场巡检、监控设备等，但是部分设备所处环境恶劣。比如核电厂设备，为了保障设备的正常运转、监控工艺的贯彻执行（温度、压力等）需要频繁巡检。这种情形下增强现实（AR）将发挥关键作用，即远程专家业务支撑，例如远程维护。AR设备需要最大限度地灵活和轻便，以便维护工作高效开展。

（5）云化机器人

在智能制造生产场景中，需要机器人有自组织和协同的能力来满足柔性生产，这就带来了对机器人云化的需求。5G网络是云化机器人理想的通信网络，是使能云化机器人的关键。

4.2.2 5G为智能制造构建信息通道

5G不仅为智能制造提供技术支撑，同时也是制造业信息采集、交互、流动的通道，真正促使信息在智能制造中发挥作用。

5G在智能制造中构建的信息流通道具体如图4-4所示。

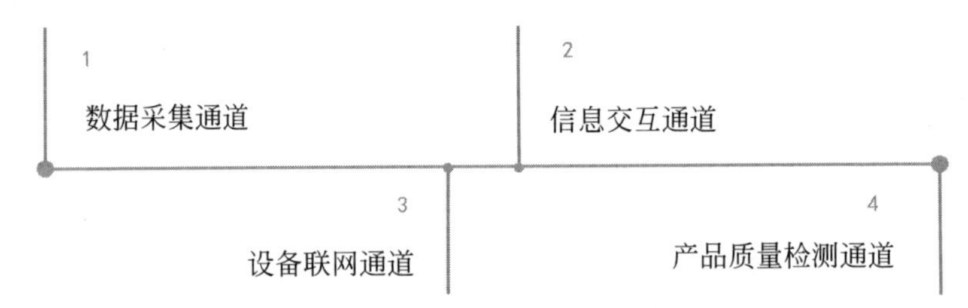

图4-4 5G在智能制造中构建的信息流通道

（1）数据采集通道

在智能工厂生产的各个环节，包括物流、上料、仓储等方案判断和决策，生产数据的采集和车间工况、环境的监测愈发重要，能为生产的决策、调度、运维提供可靠的依据。4G条件下，工业数据采集在传输速率、覆盖范围、延迟、可靠性和安全性等方面存在各自的局限性，无法形成较为完备的数据库。

5G技术能够为智能工厂提供全云化网络平台。精密传感技术作用于不计其数的传感器，在极短时间内进行信息状态上报，大量工业级数据通过5G网络收集，庞大的数据库开始形成，工业机器人结合云计算的超级计算能力进行自主学习和精确判断，给出最佳解决方案，真正实现可视化的全透明工厂。

（2）信息交互通道

5G带来的不仅是万物互联，还有万物信息交互，使得未来智能工厂的维护工作突破工厂边界。工厂维护工作按照复杂程度，可根据实际情况由工业机器人或者人与工业机器人协作完成。

在未来，工厂中每个物体都是一个有唯一IP的终端，使生产环节的原材料都具有“信息”属性。原材料会根据“信息”自动生产和维护。人也变成了具有自己IP的终端，人和工业机器人进入整个生产环节中，和带有唯一IP的原料、设备、产品进行信息交互。工业机器人在管理工厂的同时，人在千里之外也可以第一时间接收到实时信息，并进行交互操作。

（3）设备联网通道

在智能化工厂，机床、机器人、AGV等设备开始接入工厂内网，尤其是

AGV等移动设备的通信，有线网络难以满足，对工厂内网的灵活性和带宽要求越来越高。传统工厂有线网络可靠性、带宽高，但是灵活性较差；无线网络灵活性较高，但是可靠性、覆盖范围、接入数量等都存在不足。兼具灵活性、高带宽和多终端接入特点的5G，成为承载工厂内设备接入和联网的新选择。

（4）产品质量检测通道

由于4G的时延过高、带宽较低，数据无法系统联动，传统的工业品质量检测基本还是人工检测，不但耗费极大的人力成本，检测精度、效率也很低，无法满足智能化阶段高质量生产的要求。

5G基于大带宽、低时延的特点，可以观测微米级的目标，从而能够保证清晰的观测产品缺陷，获得全面且可追溯的检测数据，同时也更方便集成和留存。而且由于视觉检测包含更大的数据量、需要更快的传输速率，5G能够完全解决视觉检测的传输问题。

4.3 5G在智能制造中的应用场景

4.3.1　实现自动控制

工业实时自动控制是现在制造业走向智能化的第一步，而当前的困境是，绝大部分工厂都无法实现自动控制。最根本的原因就是无法建立完善的闭环控制系统。闭环控制系统是自动控制的核心，在该系统中每个传感器，时时刻刻都在进行连续的测量，测量数据会第一时间传输给控制器以设定执行器。

最理想的闭环控制系统，控制过程周期需要低至毫秒级别。所以，系统通信的时延也需要达到毫秒级别甚至更低，否则，控制系统就无法保证精确控制。众所周知，由于4G的时延过长，以往的闭环控制系统部分控制指令总是不能得到快速执行，控制信息在数据传送时也容易发生错误，轻则导致生产停机，重则造成巨大的经济损失。

5G的低时延性弥补了这一缺陷。5G网络时延低至1ms，比较4G网络，端到端时延缩小为其1/5，强大的网络能力能够极大满足云化机器人对时延和可靠性的挑战，实现高精度时间同步，使得工业实时控制通过无线网络连接成为可能。

那么，5G的优势在工业实时控制中是如何体现的呢？可以分为两个部分：设备自主控制和远程实时控制，如图4-5所示。

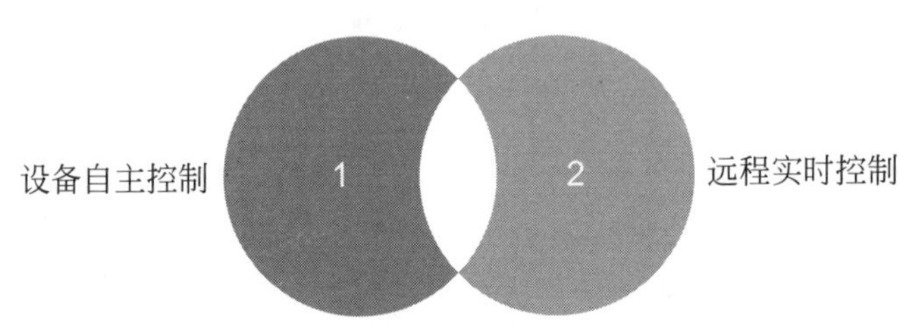

图4-5　5G优势在工业实时控制中的体现

（1）设备自主控制

设备自主控制主要体现在端到端的通信。基于5G的移动边缘计算（MEC）技术，将服务器尽量下沉，部署在无线网络的边缘，这样终端与服务器交互时能大幅压缩端到端的时延。

（2）远程实时控制

为了达到远程控制的效果，受控者需要在远程感知的基础之上，通过5G通信网络向控制者发送状态信息。控制者根据收到的状态信息进行分析判断，并做出决策，通过5G通信网络向受控者发送相应的动作指令。受控者根据收到的动作指令执行相应的动作，完成远程控制的处理流程。

4.3.2　优化生产流程

生产环节繁多、流程不明晰是制造企业中常见的问题，即使发现了问题，优化改造起来，也因为掌握的数据不足而变得异常困难。工厂中传感器连续监测数据上传、日常制造数据庞大，大数据是优化必须考虑的问题。

大带宽、低时延的5G网络可以将工厂内海量的数据进行互联，提升数据采集的有效性、及时性与对数据的分析处理能力，为优化生产流程提供足够的依据。

所以，优化生产流程的关键就是，用5G信号的无线传输替代现有有线传输，满足端到端的数据传递。5G具有百万级别的可连接物联网终端数量，具有传感器布局覆盖面更广的优势特性，只要在机械设备、工具、仪器等上加装传感器，通过5G物联网通信模块，就可以轻松采集到各种运行数据，并在第一时间发送至云端。再基于边缘计算、云端计算、数据分析等技术，结合设备异常模型、专家知识模型、设备机理模型，对产品进行趋势分析，形成产品体检报告，就可以提出非常具有前瞻性、预测性的修改建议。

5G网络的广覆盖性、大带宽性有利于远程生产设备全生命周期工作状态的实时监测，使生产设备的维护工作突破工厂边界，实现跨工厂、跨地域的远程故障诊断和维修。将设备状态分析等应用部署在云端，同时将数据输入到设备供应的远端云，启动预防性维护，可实时进行专业的设备运维。

4.3.3　助推柔性生产

柔性生产，是英国Molins公司于1965年首次提出的一种市场导向型生产方式。具体是指为适应市场多变的需求，按需生产，以实现多品种、小批量的一种个性化生产方式。尽管这个概念提出得很早，但一直没有真正大范围推广开来，原因就是柔性生产对内外部的要求非常高。

柔性生产需要符合两个条件，如图4-6所示，而5G的出现让这两个条件愈发成熟。

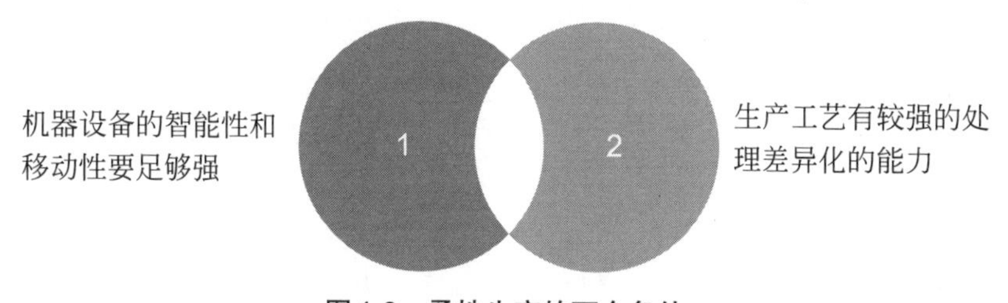

图4-6　柔性生产的两个条件

（1）5G让机器设备的智能性和移动性更强

5G的出现让机器智能化程度更高，精确度更高，工作内容和工作场景也可以自由切换。同时，5G的高可靠性网络可以最大限度地覆盖工厂中的所有机器设备，增强移动性。有了5G网络，设备与设备之间的衔接就不用再依靠线缆，可以移动到每一个需要它的地方，不再受到线缆的限制。

（2）5G大大提升生产工艺处理差异化的能力

柔性生产最大的特点就是实现产品的差异化，而生产不同的产品，对生产工艺要求非常高。生产工艺缺乏差异化处理的能力，一定无法生产出精细度较高的产品。以往，由于网络的服务类型、服务质量、安全性，以及在数据分析和处理上不达标，生产工艺处理差异化总体来讲还是比较拙劣的。

5G可以大大提升生产工艺处理差异化的能力。5G拥有端到端的切片技术，在同一个核心网中有不同的服务质量，可以根据要求自动选择。5G还可以建立一个以人和机器为核心的生态系统，内外成为一体，不受时间和空间的限制，不管什么时间、什么地点、什么人、什么机器，都能做到资源和信息实时更新、实时共享。

柔性生产线可以根据订单的变化灵活调整产品生产任务，是实现多样化、个性化、定制化生产的关键依托。4G时代，很多工厂也在做柔性生产，但由于上述两个条件总是很难同时满足，因此，生产出的产品不是难尽如人意，就是生产成本居高不下，无法大规模投入。而有了5G，上述两个条件可以同时满足了，因此，5G才是促使柔性生产真正落地的关键。

4.3.4 加快设备维护模式升级

现代制造企业，尤其是大型企业，跨工厂、跨地域设备维护，远程定位问题等场景十分常见。而传统的设备维护模式已跟不上需求，使工程师常常疲于奔波，不但消耗了大量人力物力，还效率低下，不能很好地解决问题。

5G的出现，让所有设备实现了互联，而且可以让信息共享，以保证设备出现问题时可以第一时间找出原因，大大节省了维护时间，提高了维护效率。

5G网络会覆盖整个工厂的每个机器设备、每件原材料、每个生产环节，甚至每个工作人员。然后在这些地方再配备专属IP终端，就可以形成一个完善的数据库。IP终端数据库组成部分如图4-7所示。

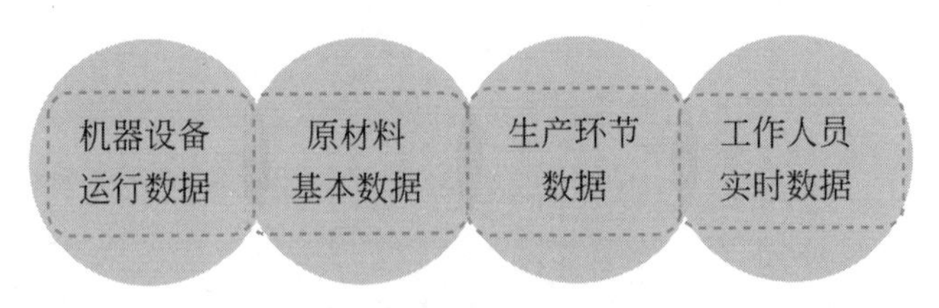

图4-7 IP终端数据库组成部分

IP终端通过5G网络搜集大量数据，通过观察、分析每项数据，可以对全厂的生产状态进行全程、实时远程监督。在此基础上，根据分析结果进行决策，调查结果就会客观很多。假如，某一个设备或者某一个生产环节出现问题，IP终端会立即将故障上报给机器人，工作人员工作出现失误，相关数据也会实时发送过去。

根据已经掌握的数据，找到问题后，机器人会根据程序设定对设备或者生产环节进行修复；机器人无法修复的，就会再次上报给系统，进行人工二次维护。工程师根据机器人反馈的信息进行进一步操作，不在同一地区的，通过VR与远程触觉感知技术进行远程控制。

5G的出现让设备的维护模式实现了人和机器人的同步，这是一次全面升级。人工+智能机器人的完美配合让工厂设备的维护模式更加科学、高效、精准。这种模式会极大地提高工厂的工作效率，减轻工作人员的负担。

4.3.5　深化对员工的技能培训

制造业需要大量的技能型人才，而在人才的获得上除了社会招聘，更多是自己培养。岗前、岗中的技能培训在很多制造企业是必不可少的一项内容。而随着制造业向智能制造的转型，传统工业的培训也得到很大的改善。

最具代表性的就是基于5G的AR培训。这种新型的培训方式，是以网络为载体，通过结合AR、AI、图像处理等技术，对培训人员施以更低成本、更高效率的培训。

AR培训是基于5G的大带宽、低时延等特性而实现的。利用云端的计算能力实现AR/VR应用的运行、渲染、展现和控制，并将AR/VR画面和声音高效地编码成音视频流，通过5G网络实时传输至终端。AR培训原理如图4-8所示。

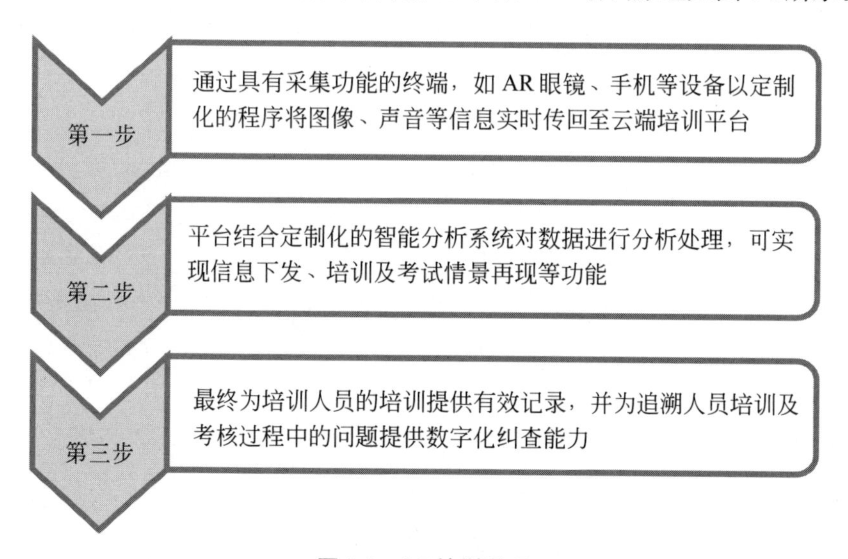

图4-8　AR培训原理

传统的培训缺乏专业的教学训练，设备实际开机需耗费大量成本，培训场地及人数受限，因此总体上而言培训效率不高、效果不佳。采用5G、AR技术，实现了远程多人协同、虚拟操作培训等强交互体验，大大增强了培训效果，节省了培训成本。

例如，在运用5G、AR技术的基础上，结合三维建模、爆炸图、拆装动画，可远程开展可视化培训；通过AR实时标注、智能交互、超清5G即时通信等交互手段能够实现云端与现场实时数据传输，实现技术人员远程及时介入，有效提升产品维修效率和装配、维修质量。

再如，基于VR技术完成设备的虚拟开机流程培训，可有效降低设备实际开机带来的成本。有些设备在正式投入使用前需要操作人员实地操作，还有些业务，如动火作业、机器人维修、高空作业、轧机作业等必须先真切地体验。这在传统培训中是无法实现的，而这正是VR培训的优势。VR技术可以虚拟展示设备各部件、组件的结构、装配关系、运作原理及拆装流程，可以让培训人员身临其境地了解设备的构成和操作工序，感受特殊作业的环境、工种协同操作、作业流程、安全防护等。

4.4 5G与化学工业

4.4.1 提高安全性

我国化学工业基础好，发展速度快，已经发展成为国际化学工业大国。但存在的问题也很多，各种安全生产事故时有发生，随着环境保护力度不断加强，坊间不时提出关于化工产业存续的讨论，有激进者甚至宣称“宁可穷点也不要化工”。

这些言论虽然有些哗众取宠，但当前化工行业面临的问题，必须正视起来。2017年以来，国家不断出台环保新政，深深影响着化学工业的命运，整个行业已经开始洗牌，搬迁、改造、关闭潮一波波来袭。

2019年3月21日，江苏省盐城市响水县陈家港镇化工园区内发生特

大爆炸事件，江苏天嘉宜化工有限公司长期储存硝化废料，因持续积热升温致自燃，引发硝化废料爆炸，造成78人死亡，76人重伤，640人住院治疗，直接经济损失近20亿元。

响水爆炸事件对江苏整个化工产业影响极为深刻，事件发生后，江苏省发布了《江苏省化工行业整治提升方案（征求意见稿）》，该文件称在2020年底全省化工企业数量减少到2000家，到2022年底再减少1000家。在减少化工企业数量的同时，还要求对全省50个化工园区开展全面评价，根据评价结果压减至20个左右，这对于化工行业来说就是晴天霹雳。据不完全统计，江苏省的化工企业数量共计7400多家，如果按照文件中所述，最终只保留1000家化工企业，也就意味着将有6400家面临着关闭，这种关闭力度也是前所未有的。

与之相对的是大力发展新产业。2019年10月在响水县开工的有17个项目，包括新能源、新材料、智能终端、绿色循环、现代农业等。

从上述案例可以看出，在严峻的大背景下，加强安全管理是化学工业亟待解决的问题。那么，如何解决呢？很重要的一个方向就是借助5G技术，实施无人化生产。

实施无人化生产可以大大提高生产的安全性。依靠5G技术可以安装更为完善的巡检装置，由于装置中有红外热成像传感器、气体传感器、音频传感器、360°视频仪等多种智能传感器，从而确保实时采集、存储、传输现场的图像、声音、温度、烟雾、甲烷等数据，再通过数据分析，判断设备故障及故障位置，完全替代人工巡检，降低劳动风险，提升智能化管理水平。

2020年6月，山西鹏飞集团与中国联通成立“5G+智慧煤化工”应用实验室，为化工产业步入5G拉开序幕。

首先，集团依靠5G建立了一个智能化监控系统，该系统是一个无人化应用场景，通过视频监测可以对油库罐区进行实时测温，并设定智能关停，当油罐达到预警值自动报警并关停，使工作效率提升并保证人员的安全。

其次，集团依靠5G构建了BI数据分析系统，从人、财、物、产、供销、安全、质量、环保八个要素层面进行BI展现与分析，实现了“采购—库存—运营—加工—产品—仓储—销售—物流”的全流程智能化制造管理。

基于BI数据分析系统和全厂5G网络覆盖，70%的设备实现数据采集，通过前端系统对数据进行收集、整合、分析、集成展示，并通过5G网络上传到管理驾驶舱。领导层只需登录平台就能够清楚地看到公司各项业务运作情况和整体经营现状；关键指标简洁直观，满足管理人员了解现状、发现问题的需要。

在传统的化工企业中，企业的安全设施并不完善，监管手段不够科学，处置风险的意识也比较缺乏，自动识别风险的能力更是非常有限，因此，安全事故和意外才会频频发生。引入5G之后，用机器代替人工可以大大弥补这些缺陷，进行科学化经营，让意外和事故的发生概率接近或者等于零。

4.4.2 无人化生产

化学工业对能源依赖很大，生产方式不够科学，生产过程中消耗的成本很高，没有把能源最大化利用。5G的出现虽然不能彻底解决这些问题，但能够在很大程度上使之缓解。

5G的引入可以改变化学工业传统的生产方式，智能化、自动化大幅度代替人工，提高生产效率和生产质量，减少人力物力投入，降低生产成本。

5G网络高速率和低时延的特点可以加快工厂内生产设备的运转速度，更加快速地完成生产，改变生产模式，缩短工作时间。

华为与中石油展开合作，共同创建顶层的系统框架。建造了顶层的系统框架之后，在开采石油的时候，可以把偏远地方的油井或者不容易采集数据的油井，利用5G连接实时传输数据，让终端可以对油井进行实时监控，然后对油井的各个数据进行科学分析，让油井做到最大化、合理化利用。

5G与化工生产的融合推动了无人化的远程调度，在工厂安装无人机、机器人、摄像头等让整个生产过程智能化，机器的移动、产品的运输都在监测之中，节省了大量的人力和时间。

2019年之前，没有5G时生产的所有流程仍以人工为主，即使机械化程度较高的大型企业，也需要配备大量的人力，操作、巡检等很多场合需要有人在场。5G融合到化学工业之后，工人不必亲自上阵，可以通过操作设备对工作进行远程监控，坐在监控室在大屏幕上对机器的启动和关闭进行操作，在确保生产安全和产品质量的同时让工人的工作环境更安全。

5G不仅能够实现科学生产，也能对工作过程中出现的紧急情况进行警示并做出处理。系统在发现意外或者紧急情况时，可以自动做出应急警示，并立即通知相关人员，上报指挥中心。指挥中心可以最快时间做出应对，即使不到现场，也能通过网络全面监控，并且传达命令。

例如，煤焦化工、大型输送机管廊、变电所等场所的巡视和检修工作，以往大部分依靠人工进行定时检查、驻点值守，但人工往往无法收集有效的数据。尤其在煤焦化工生产厂区，仪器仪表数值读取、设备表面温度异常变化、巡检线路中异常气体变化等，若不能及时发现并进行处理，可能会造成直接和间接经济损失。而在安装智能化监控系统后，通过视频监测可以对油库罐区进行实时测温，并设定智能关停，当油罐温度达到预警值时自动报警并关停，提升工作效率并保证人员的安全。

4.5 5G与采矿业

提到采矿，大多数人的印象是装卸矿石的车辆在尘土飞扬中穿行，灰头土脸的司机师傅在噪声弥漫的工地中忙碌着。5G将会彻底改变这一现状，为采矿业插上智能的翅膀，实现矿车的无人驾驶。

基于5G技术的无人驾驶矿车，可以实现对采矿全过程的自动化操作。工作人员无须亲赴现场，就可以通过平台实现挖掘、采矿、装卸、运输等一系列的操作。同时，还可以对整个过程进行实时监控，因为所有的数据都会反馈到系统云端。

有了5G的支撑，智能采矿时代即将到来。

案例4-6

内蒙古鄂尔多斯达拉特旗的大唐宝利矿区，率先采用5G矿车无人驾驶系统，成为一座高效的智慧矿山，数十辆矿车在矿区自由穿梭，并且实现24小时不间断作业。尤其是在2020年疫情特殊时期，5G无人矿车的投入对复工复产和安全生产保障发挥了重要作用。

这是我国自主研发的一个无人驾驶系统，集矿车自动驾驶、云端机群调度、远程管控、挖卡协同作业、车路协同感知等系统为一体，能完全满足矿场工况需求。

无人驾驶矿车能实时采集车辆的各种数据，并上传至云端系统，显示矿车运行轨迹和状态信息。车端采用激光、毫米波、相机、组合导航模块等多传感器融合的定位导航系统，自动行驶在矿山运输路线上。较之有人驾驶的矿车，无人矿车行驶更为平稳，不会猛轰油门、猛踩刹车，这种相对“温和”的驾驶方式，降低了机器、轮胎的损耗，节省了燃油。

除此之外，其还具有自动下达作业任务、自动装卸、自主行驶、自主避障、轨迹自动规划、多车智能化调度等功能。该套系统方案可消除矿区存在的人员安全风险，降低运营成本，并提高矿企盈利能力。

5G帮助该矿区实现了无人化作业，促使采矿业向智能化、自动化转型的步伐不断加快，同时，实际应用效果也非常不错，得到了矿区的认可，正在大范围推广至全国很多矿区。未来从整体需求来看，我国无人驾驶矿车整体市场规模有望达到数千亿元级别。

同时，运营商也正在不断完善矿区5G网络建设，结合采矿业的实际情况，量身打造适合矿山使用的特殊5G网络。

采矿环境非常恶劣，因此矿区一直以来被认为是高危险地区，矿工们不仅每天灰头土脸，还要面对机器设备排放出来的污染尾气，甚至在采矿时，还要随时面对可能存在的生命危险。对此，内蒙古移动正推动矿山安全建设项目，打造特殊的5G网络项目，以真正实现煤炭作业“少人则安”和“无人则安”的目标。

案例4-7

神宝能源露天煤矿是极寒地区矿山，在煤炭运输上以往主要采用自卸卡车，运输工人安全性往往得不到保障。实行智能采矿项目后，可形成国

内首个极寒工况无人驾驶系统测试标准体系，填补当前设备无人化测试规程的空白，为极寒地区矿山设备无人化测试提供指导依据。

同时，配以与其相配套的电铲、遥控推土机、洒水车、平路机等辅助作业车辆协同作业，形成一套完整的露天矿无人运输作业系统，逐步实现“少人、无人、以机械换人”的智慧安全高效开采。

5G配合智能化技术，能满足矿山生产环节的智能感知、泛在连接、实时分析、精准控制等需求，最终实现采矿的少人、无人作业。

建设智慧矿山，核心任务是现场作业少人乃至无人化。很多基于5G技术的智能化系统通过与采矿设备相连接，实现钻、铲、挖、装、运等无人化操作，整个过程不需要人工参与，在降低矿区生产成本的同时，矿区的安全生产系数和工作效率都很高，矿区资源的利用率也有所提升。

随着“5G+无人采矿”的继续推进，5G在采矿业中的应用越来越广，遍及通信、监控、管理和安全生产等领域，实现“降本增效、减人安全”的目标。

5G与冶炼工业

自《中国制造2025》发布以来，智能制造成为未来工业发展的重心，而最主要的领域之一就是炼化企业。目前，很多炼化企业已经大范围地引入5G技术，创建以5G为核心的技术网络。

在5G技术的帮助下，炼化企业能够完成生产运行智能化、设备管理数字化、企业管理信息化，如图4-9所示。

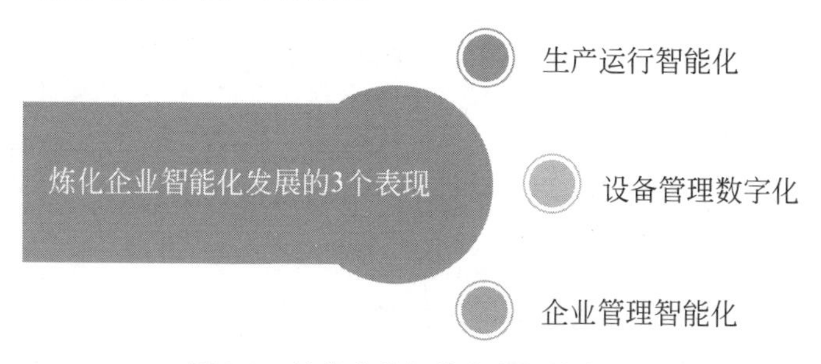

图4-9　炼化企业智能化发展的表现

（1）生产运行智能化

生产运行智能化有两个体现。第一个是计划、调度、执行、物料移动和量值绩效的闭环反馈。第二个是调度实时在线优化、先进控制和DCS现场执行。

在炼化企业的管理方面，无线网络代替有线网络，会让整个工厂的人员配置发生翻天覆地的变化，操作人员和管理人员都可以实现线上办公，形成智能闭环。

在炼化企业的控制方面，DCS、先进控制以及实时在线优化都可以利用有线网络实现相互连接和沟通，执行现场操作，形成第二个智能闭环。

借力5G网络，炼化企业可以实现对聚烯烃出入库的智能化管理。利用工业互联网，企业中产品的客户、计划和操作人员以及现场设备都相互连通。在企业中建造一个大的、自动的、立体的聚烯烃仓库，采用物联网技术，产品的包装、运输、出库、入库、盘库、装车、发货等一系列过程都可以实现自动操作，无须人工监管。平时这些工作至少需要100人参与。

产品的预约和取货可以通过扫描二维码来完成，这样客户不必等待，车来了就可以提货，节省了时间，降低了成本，减少了使用企业停车场的资源。这样企业的工作就是公开的，取货更加方便，物流管理更加安全。

（2）设备管理数字化

炼化企业设备管理数字化一直坚持全生命周期管理。利用工程管理，工厂从立项、设计、采购、施工到验收都会统一管理，完成建设工程之后，实物工厂交给生产部门运行，工程的模型交给三维数字工厂，生产部门和数字工厂同时工作。

安装工业互联网之后，工作人员可以在工厂出现异常之后立刻得到消息，而且还可以实时获取工厂模型建设和运行的过往数据和信息，对工厂的事故立即做出反应，极大地提高了工厂的工作效率、运行水平和安全系数。

（3）企业管理智能化

炼化企业的管理系统核心是制度，任务的管理系统核心是流程，绩效的管理系统核心是价值。建立一个企业管理和控制体系，建立部门之间的沟通和联系，可以提高管理和控制效率。业务流程管理（BPM）让业务流程化，可以自动发送待办事项提醒，节约了时间、减少了工作人员的数量，极大地提高了工作效率。

虽然5G时代提高了炼化企业的工作效率，但是炼化企业向数字化、网络化和智能化的发展还有很长一段路要走。在这三个阶段中，数字化阶段是基础，企业要做好数据收集、传输、储存和计算的工作。2020年，我国已经处于业务数字化的中后期，需要立即加速业务数字化。

网络化阶段是过渡，在这个阶段中要借助5G技术，实现人与人、物与物和人与物的相互连接，创建中下游产业链，实现炼化企业内部业务全流程管理。

智能化阶段是高级阶段，在这个阶段，炼化企业能够在深度感知、自动学习后做出决定，准确采取行动，实现精细化管理。智能化阶段会用到机理模型、AI和大数据算法等技术，有很大可能超过人脑。2020年，我国处于智能化的起步阶段，这个阶段十分重要，也十分艰难，坚持下去会使炼化企业实现质的飞跃。

第5章 5G+智能物流：让物流实现全流程智能化

过去十几年物流业飞速发展，但随着新技术的不断发展，传统物流的局限性也慢慢暴露出来。比如，快递人员工作量大，工作效率低，用户体验差，收货时间长，以及损单、丢单等。5G将会大大改变这一现状，促使传统物流向智能物流转变。

5.1 物流

5.1.1 物流概述

“物流”一词是外来词，其概念最早形成于20世纪30年代的美国，原意为“实物分配”或“货物配送”。1963年被引入日本，叫作Logistics，意为“物的流通”，后改为“物流”。我国的“物流”一词是从日文中引进的，被翻译为

“物流”。

我国重新对其进行了定义，具体是指物品从供应地向接收地的实体流动过程中，根据实际需要，将运输、库存控制、包装、搬运、流通加工、配送、信息管理等功能有机结合起来实现用户要求的过程。

由定义可见，物流是集多项行为为一体的系统，从供应开始经各种中间环节的转运，最终到达消费者手中的实物运动。具体行为可以分为7个，如图5-1所示。

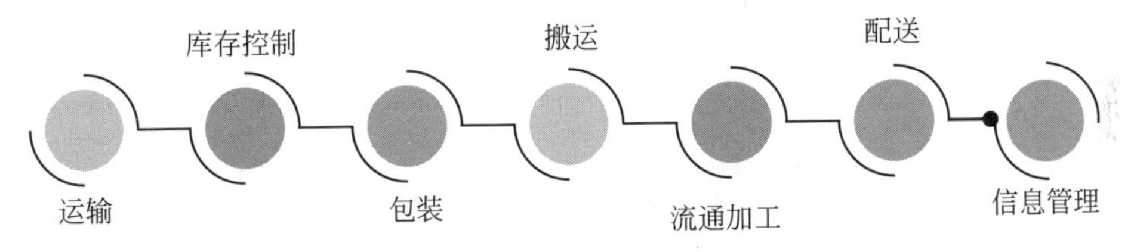

图5-1　物流活动的具体内容

（1）运输

运输是使用设施和工具，将物品从一个点向另一个点输送的物流活动。

（2）库存控制

库存控制是对库存数量和结构进行控制、分类和管理的物流活动。

（3）包装

包装是为在流通过程中保护产品、方便储运、促进销售，按一定技术要求而采用容器、材料及辅助物等的总称。也指为了达到上述目的而采用容器、材料和辅助物的过程中施加一定技术方法等的操作活动。

（4）搬运

搬运是在同一场所内，对物品进行水平移动为主的物流作业。搬运是为产品的货物运输和保管的需要而进行的作业。

（5）流通加工

流通加工是物品在从生产地到使用地的过程中，根据需要施加包装、分割、计量、分拣、刷标志、拴标签、组装等简单作业的总称。

（6）配送

配送通常是指配送人员将货物从卖家送至消费者的过程。这项内容是物流工作的核心，是最重要的内容，配送做得好坏直接影响着消费者对整个物流工作的评价，甚至影响到商品的质量。

（7）信息管理

对于物流有关的计划、预测、动态信息及有关生产、市场、成本等方面的信息进行收集和处理，使物流活动能有效、顺利进行。

5.1.2 物流业在我国的发展情况

现代物流业在欧美等发达国家已经十分发达，在我国由于兴起得较晚，基础相对薄弱，发展也受到诸多条件的限制。但由于近几年政府、生产企业以及物流企业都十分重视，境况有很大改善，发展速度大幅加快，自身服务不但很快完善起来了，而且我国正迈向物流业强国。

政府、生产企业以及物流企业在发展现代物流业上采取的举措，如图5-2所示。

政府	从产业发展的高度，将发展现代物流业作为促进经济发展、改善投资环境、提高经济效益、降低社会成本、充分利用社会资源的重要策略
生产企业	生产企业也十分重视物流链条的建设，把物流作为企业的第三利润源泉和获取竞争优势的战略机会
物流企业	无论传统物流企业，还是线上物流企业，都把发展现代物流作为重新打造企业、寻求新利润增长点、实现再发展的战略目标

图5-2　各方在发展现代物流业上采取的举措

我国的物流行业存在着成本高、效率低、数字化程度低等短板，我国还不是物流强国，因此向智能化转型的愿望尤为迫切。在5G的加持下，智能物流已不同于传统物流，它涉及智能园区、智能仓储、智能运输、智能配送等场景。

5.1.3 现代物流业的发展趋势

在政府、生产企业以及物流企业三方共同的努力下，近几年我国的现代物流发展得非常快，逐步呈现出一体化、信息化、自动化、智能化、综合化等趋势。

汕头港是国家“一带一路”重点建设的15个港口之一，自2017年以来呈现出新的发展面貌：与马士基、中远海运、达飞海运等全球前20名班轮公司合作，开通了多条往来汕头港的航线，已先后与世界57个国家和地区的268个港口有货物往来。为助力汕头打造海上丝绸之路重要节点，广东移动不断加强与汕头港的合作，推动信息化、智能化和数字化在港口运营等方面的应用落地。

2019年，广东移动分别与汕头招商局港口集团、茂名市交通运输局签订战略合作协议，将依托5G技术加速推动交通运输行业高质量发展。本次战略合作中，广东移动将以广澳港区为试点，协同开展5G智慧港区建设，逐步提升港区运营、物流及监管的信息化水平。

根据协议，广东移动将优先投入5G网络资源，完成广澳港区及相关疏港道路、铁路的信号覆盖，为港口提供贯穿港区物流、港区卡口、理货等多方面的信息化解决方案。同时，帮助港区“一关两检”开展5G+VR货品查验、AI机器人危险品查验及无人机巡逻等，着力打造联检大楼信息化管理系统体系。

具体趋势有6个，如图5-3所示。

图5-3　现代物流的发展趋势

（1）作业一体化

现代物流精髓在于系统整合，即整合生产、销售、包装、装卸、运输、存储、配送、物流信息处理等分散的、跨越各企业部门的传统作业，将其有机地结合在一起，作为一个系统来管理，使物流各作业环节有效地协作，以更好地节约流通费用，提高流通效率，服务客户。

（2）物流管理信息化

随着全球经济一体化趋势的加强，商品在全球范围内以空前的速度自由流动，从而使得物流活动范围、流动速度都进入一个前所未有的发展阶段，物流业正向全球化、网络化和信息化方向发展。

而要满足当前的国际形势，物流管理必须实行信息化管理，提高信息管理的科学水平，使商品在各种需求层面上的流动更加容易和迅捷。信息化已成为物流活动的核心和物流创新的动力。

（3）物流管理自动化

物流管理在信息化的基础上，还要同步实行自动化。自动化核心是机电一体化，外在表现是无人化。自动化设施的应用，可扩大物流作业能力、提高劳动生产率、减少物流作业的差错。

物流自动化设施在发达国家已经普遍使用。比如，条形码、语音、射频自动识别系统、自动分拣系统、自动存取系统、自动导向车以及货物自动跟踪系统等。我国也正在积极研究开发和推广应用这些自动化设施。

（4）物流管理智能化

智能化是自动化、信息化的一种高层次应用，物流作业过程涉及大量的运筹和决策，如库存水平的确定，运输、配送和搬运路径的选择，自动导向车的运行轨迹和作业控制，自动分拣机的运行及物流配送中心经营管理的决策支持等问题都需要借助大量的知识才能解决。随着专家系统、机器人等相关技术的推广、普及，在物流自动化的进程中，智能化必将是现代物流的一种发展趋势。

（5）物流系统网络化

现代物流的网络化包含两层含义：

第一，物流配送体系的计算机通信网络化。其中包括配送中心与供应商、制造商之间联网及配送中心与下游顾客之间联网，订货过程将会使用网络通信方式，借助于增值网（VAN）上的EOS和EDI来自动实现。

第二，物流组织网络化，即在全球范围内把各种制造资源、需求资源、供应资源和人力资源组织起来，使之得到充分的利用。

（6）三流一体化

一个完整的流通体系包含商流、物流、信息流。商流可以使物质资料的使用价值得以实现，经过商流，物质资料就变更了所有权；物流解决的是物质资料从其生产地域向其消费地域的位移，无法变更物质资料的所有权；信息流解决的是流通主体之间的信息传递。

原则上，商流、物流、信息流不可分离，又叫“三流合一”。当前，在我国的很多物流中心、配送中心，三者没有完全统一起来，而在许多发达国家已基本实现了。“三流合一”已成为现代物流的重要标志之一。

5G+物流

5.2.1　5G助力传统物流更智能

在5G的助力之下，物流活动发生了很大变化，赋予了这一行业新的发展机遇。那么，5G是如何改变物流业的呢？可以从“硬件”和“软件”两个层面来看。

（1）硬件

“硬件”层面，是指建立在5G网络数据处理能力基础上的多项关键技术正在被不断探索，这些技术逐渐走向成熟并投入更广泛的应用中。

例如，国内几家大的电商企业都在大力推动仓储物流环节的无人化技术应用，无人仓、无人机、无人配送站、无人化物流基地等都已投入使用。相对于人工的不稳定因素，智能化、自动化的仓储、分拣、装载过程效率更高，稳定性、可靠性也不断提升。

在电商行业、新零售领域对物流配送时效性的要求越来越高，智慧物流、无人仓储、自动化分拣系统正在实际应用中发挥重要作用。而5G技术将在智慧物流智能化转型的过程中扮演“关键角色”。

另外，基于5G网络的环境交互和数据处理能力会为仓库、港口、公路等与物流产业相关的场合提供更多安全保障。依靠精确的计算、分析和监控，可为物流运输保驾护航，将因工作失误、安全事故造成的经济损失和时间延误降到最低。

智能化是现代物流发展的最主要的趋势之一，而5G的推出无疑会加快智能化发展步伐。

（2）软件

除了上述在“硬件”层面的技术革新，5G对物流产业最大作用还表现为：极大地推动了智慧物流体系建设，以及物流产业数字化、信息化过程。这可以理解为5G技术助力物流产业在“软件”层面上的升级。

物流产业对精确数据、高效沟通、正确决策和及时响应有着极高的要求。业内人士称：“但在传统产业中，这些关键元素对从业者而言始终是种‘追求’，尽管不断进步却终究难以达成。”5G时代到来为物流产业的“一网知天下”提供了坚实技术保障，让精确掌握、实时决策成为可能。

比如，在5G时代，当企业决策者拥有一份精确的实时数据，就可以掌握产品需求和生产效率，掌握原料市场变化和库存底数，并且能得到及时、可靠的物流服务。此外，还可以将原料和产品的库存量压缩到前所未有的比例，整个生产过程所需要占用的资金、资源、仓储成本都将大幅下降。

5G在促进物流革新的发展上，主要体现在智能物流设备、智能供应链管理、智能仓储管理、智能运输4个方面，如图5-4所示。

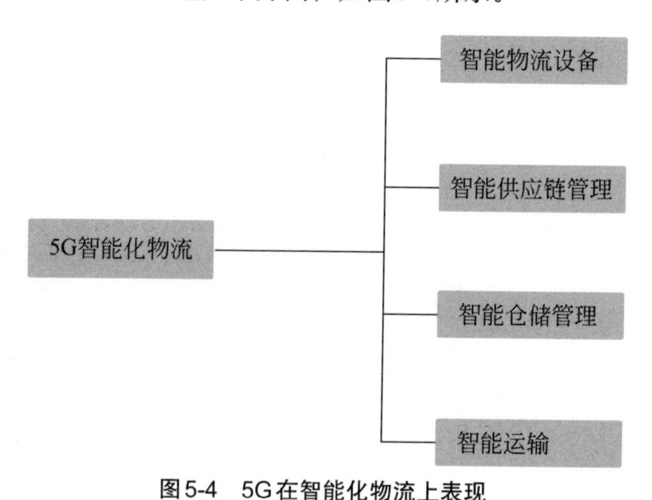

图5-4　5G在智能化物流上表现

5.2.2　智能物流设备

5G在物流领域最直接、最成熟的运用就是促使物流设备智能化，实现自决策、自管理及路径自规划。智能物流设备目前在电商、制造业等多个行业已经大范围运用，取代了以往传统的物流设备、人工操作，大大提高了物流效率和水平。

智能物流设备目前主要有3种，如图5-5所示。

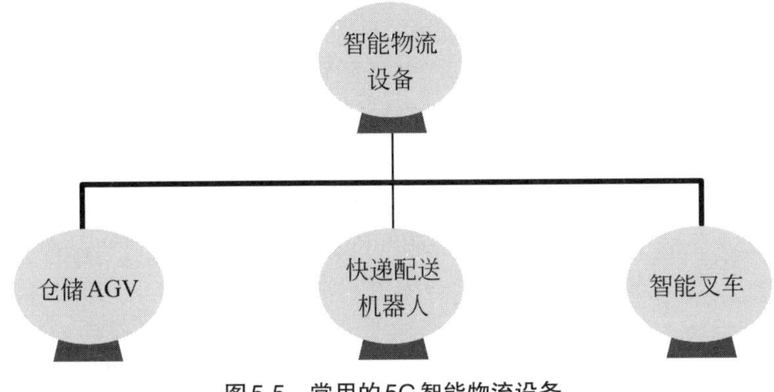

图5-5　常用的5G智能物流设备

（1）仓储AGV

AGV全称Automated Guided Vehicle，它是一种装备有电磁、激光、RFID等感应装置，具有自动导引、装卸功能，能按照规定路线行驶的自动导向车。这种设备多运用在电商行业、制造业的商品流转上，它能够借助特殊地标导航把商品运输到特定地点。

仓储AGV最大的优势就是自动化程度高。例如，车间里需要某种材料，工作人员就会在计算机终端输入指令，计算机终端把指令传输给中央控制室，中央控制室的工作人员接收到指令后，专业的工作人员会向计算机发出指令，经过电控设备，指令信息会发送给仓储AGV，最后仓储AGV执行命令。

另外，仓储AGV安全性非常好，这源于它是基于计算机远程控制的，而且工作路径可以通过参数进行精确设置。

（2）快递配送机器人

快递配送机器人可以高负荷、全天候工作，应对各种复杂的配送场景，对于路面、行人、汽车、自行车等都可以进行识别，并且做出决策，随后执行，避免事故的发生。快递配送机器人不仅拥有高度的智能化，还拥有自主学习的能力。

快递配送机器人有许多智能设备，包括激光雷达、GPS定位、全景视觉监控系统、前后各一个防撞系统、超声波感知系统。这些系统共同协作，使快递配送机器人在工作的时候能够实时掌握周围的环境，避免发生事故。

快递配送机器人具有智能决策规划技术，当快递配送机器人遇到障碍物或者行人的时候，通过感知系统，可以快速确定障碍物和行人的位置、运动方向、运动速度，随后系统进行深度运算和分析，做出避免发生事故的决策：向哪个方向行驶，行驶速度多少。

（3）智能叉车

智能叉车应用领域主要在生产和仓储两个方面，可以传输数据，还可以扫描条形码，记录托盘号和订单号。

智能叉车将条形码技术、无线局域网技术、数据采集技术相结合，形成现场作业系统。智能叉车上可以安装企业管理系统，工作人员可以随时处理工作。智能叉车的工作原理是在叉车上安装无线车载终端，叉车的工作任务和流程由信息指导。

智能叉车通过无线设备可以虚拟一个办公环境，在任何时间、任何地点访问企业数据，即使在零度以下的冷藏环境也能找到容易腐蚀的物品，即使是在大型的生产车间也能获得产量数据，即使是大型货物也可以指挥智能叉车进行转场作业。智能叉车的出现会让车间的工作模式发生很大的变化。

在智能叉车的所有设备和技术中，车载终端是关键。在车载终端工作时，有很多因素都会对其产生影响，例如体积大小、温度范围、显示质量、电源设置、周围环境参数、无线访问能力等。

5.2.3 智能供应链管理

基于5G的智能物流除了体现在设备上，还体现在供应链管理上，5G+让供应链更迅捷，实现按需分配资源。

供应链管理是为加快物品和信息在供应流程中流动的管理活动。关于供应链管理的概念，有狭义和广义之分。狭义概念就是指物流管理；广义概念不但包括物流管理，还包括资金、能源、信息等诸多方面的管理，如图5-6所示。

关于供应链，不同行业的内容不一样，具体到同行业公司，因业务的差异也会不一样。本节所指的供应链管理是狭义上的概念。

那么5G是如何实现供应链的智能化呢？主要是通过两个技术特点：一个是低时延的网络传输技术，另一个是网络切片技术，如图5-7所示。

一套5G工装智能物流供应链会涉及以下设备：智能配送系统包括AGV设备（集成叉车功能）、扫码与工卡识别设备、手持终端呼叫设备、调度系统、与工装管理系统进行信息交互的设备、自动充电桩等。

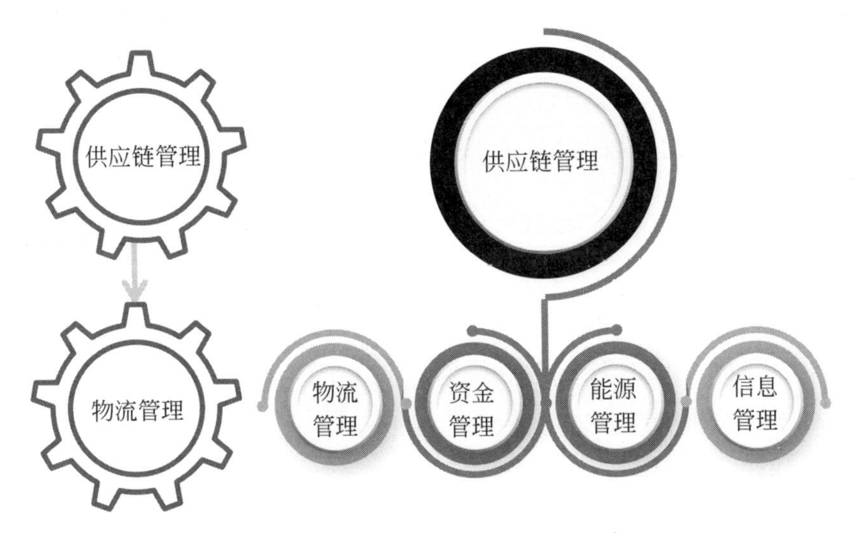

图5-6　供应链管理狭义和广义概念

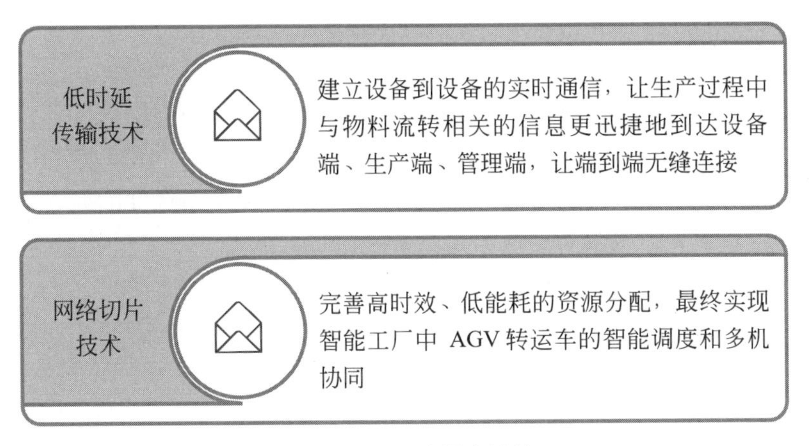

图5-7　5G与智能供应链管理

基本流程是：

① 在手持终端呼叫设备上将工装信息发送至调度系统，调度系统接收到工人发出的指令，得到工人的工位信息、工人的身份信息和物料的信息等；

② 调度系统指派适宜的AGV至库区，AGV上需安装RFID识别器，根据调度系统给出的指令，对物料进行自动识别转运；

③ 物料从库区或立体仓库到工位的转运，由AGV自主规划最优路径到达目的地，利用5G传输图像通过深度学习平台进行实时避障，还需实现自动开关车间升降门；

④ 到达工位后，工人通过员工卡或其他扫码设备完成物料登记后方可提取；

⑤ AGV再根据调度系统指令，继续进行配送或在指定区域休息（自动充电），无须人员干涉分配。

这就是基于5G的智慧物流供应。利用5G，智能物流供应的发展几乎改善了传统物流仓储的种种难题。

但现阶段AGV调度往往采用Wi-Fi通信方式，存在着易干扰，切换和覆盖能力不足等问题。4G网络已经难以支撑智慧物流信息化建设，如何高效快速地利用数据协调物流供应链的各个环节，从而让整个物流供应链体系低成本、高效能运作是制造业面临的重点和难题。

5.2.4 智能仓储管理

5G在智能仓储管理中最主要的运用是建立立体仓库。立体仓库是智能物流体系中最主要的一部分，是建设现代化物流的核心。

（1）什么是立体仓库

自动化立体仓库，也叫自动化立体仓储，是物流仓储中出现的新概念，是当前技术水平较高的形式。一般是指采用几层、十几层乃至几十层高的货架储存单元货物，用相应的物料搬运设备进行货物入库和出库作业的仓库。由于这类仓库能充分利用空间储存货物，故常形象地将其称为“立体仓库”。

立体仓库一般都较高，最高可达到40m。如果按照一层楼3.2～3.5m算的话，相当于11层的小高层楼。根据货架高度不同，可细分为高层立体仓库、中层立体仓库及低层立体仓库三种类型，其高度分别如图5-8所示。

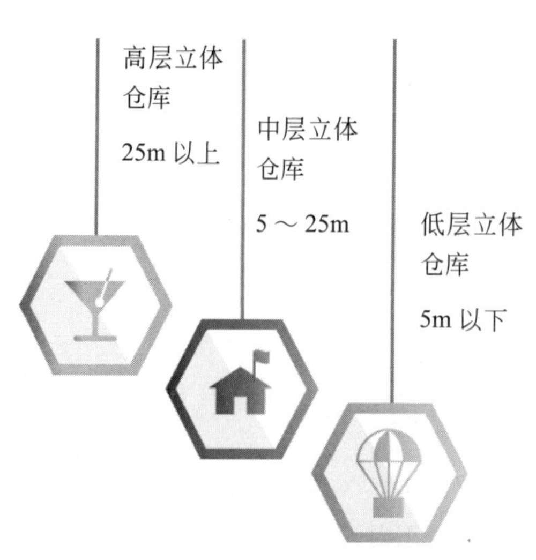

图5-8 三类立体仓库的高度

（2）立体仓库的优势

立体仓库比较高，大大增加了管理难度，按照最低的算，在5m以上的货架，人工就难以进行进出货操作了，因而必须依靠智能化作业。由于4G网络的传输速率过慢及时延较高，传统仓储管理无法做到及时盘库和自动补货。而有了5G，立体仓库设备可实现仓库高层存储合理化、存取自动化、操作简便化，即自动化立体仓库。

5G使得立体仓库能更好地发挥存储的作用。比如，可以依托多种智能设备，更高效地进行货物摆放、拣选等；提高仓库货物运转的自动化水平；车路协同关注，提高运输能效，并对运输全程进行监测追踪；实现由“人找货”到“货找人”的拣选方式的改变。

那么，立体仓库在整个智能物流体系中是如何运转的呢？主要根据以下步骤。

① 对物料信息实时追踪，可实现连续补货；

② 降低传统仓库的时延，提升智能立体仓库的运算能力，实现仓储系统的自我运转及功能开发策略的提升；

③ 协调各部分之间的关系，促进立体仓库高效运转，满足新型柔性制造需求；

④ 当智能立体仓库监测到库位信息后，在边缘端分析产线中物料的运转情况，利用5G的特性极速盘库，得出产线需求及库存信息；

⑤ 智能立体仓库自行发送取货及补货指令给运输装置，即实现了立体仓库端到产线端及运输设备端的信息互通。

5G+物流彻底改变传统物流

5.3.1　提高物流效率

我们的物流业发展很快，但也有很多痛点，令消费者大为不满。比如，邮包迟迟不来；心仪的商品无法购买（只限包邮部分地区）；损件、丢件，甚至快递人员与消费者因递送不及时频频发生冲突事件……这些痛点都源于一个问题，就是物流效率太低。

在5G迅猛发展的今天，这些问题将会得到大大改观。

小雪冷链是卓尔智联旗下的物流平台，2020年其通过5G技术实现对传统仓库电子化改造，利用WMS和TMS进行线上化操作，并通过大

数据积累将传统仓库行业模块化，以实现智能运力调度和管理，精准匹配物流、车、货的信息，大大提升了货物的物流效率。

比如，工作人员通过AR眼镜看到系统提供的订单，按照最优路线行走，就能完成表单扫描和快件派送。再如，在运输中，系统会进行精准及时的指令操作，以车与车之间数据信息即时共享为前提，精准控制车辆进行运输。

这都是大大提升物流效率的表现。2020年，5G技术刚刚商用化不久，小雪冷链就开始仓配需求探索，并深挖社区配送、电商服务等新兴产业的仓配需求，在传统仓配服务上加入互联网思维，研发了属于自己的仓配管理系统，实现了由传统仓配向转型社区配送、电商服务的转型。

5G引入之前，冷链行业未能像常温运输那样形成具有代表的操作模式，加上目前随着生活水平的提高，尤其餐饮业，对冷链的需求正处于一个需要创新的模式并形成标准的竞争阶段，冷链行业并未达到常温运输的规模。但随着日益提高的生活水平，冷链行业将迎来质的发展和需求，对于这一个新兴的风口，还未有标准化和成熟化的模式。5G在提升物流效率上具体体现在以下4个方面。

① 5G连接万物的属性，将会链接物流运输中所有货物、车辆、设备，以便于对物流信息实时掌握。

② 5G低时延的特点，使物流信息可以在配送过程中实时更新，实现无缝衔接，减少工作人员的工作量，不必大量输入信息。

③ 5G高清视频画面的显示，可将配送监控画面非常清晰地呈现在大屏幕上，以便工作人员对物流过程实时监控、计算、分析，再做出预警，让货物的跟踪更加精准，提高客户对物流的满意度。

④ 基于5G的AR技术还可以让工作人员在货物的分拣配送过程中，对货物在视觉环境中的具体位置进行定位，从而显示需要配送的货物数量，优化货物的装载顺序，将使分拣更加有效、准确。

我国快递的日运送量早已超过1亿件，而且还在持续增加，人的工作效率很难满足日益增长的快递需求，通过5G对物流的运输、仓储、人力和数据赋能，能够全面提升物流各环节的效率，物流的智能化是大势所趋。

5.3.2 降低物流成本

物流成本高、效率低是物流行业的一大顽疾。据统计，2019年，全社会物流费用占GDP比例高于发达国家近一倍，物流成本占产品成本比例达30%～40%。5G与物流的结合，不仅会提升物流的效率与安全性，还将大大节约成本。

我国物流行业成本高，有深层的原因，包括综合交通运输环节、物流服务环节、流通环节、供应链管理环节、物流信息服务环节、应急物流环节等不完善，以及产业自身的原因。5G的出现会改变其中很多环节，具体表现在以下3个方面。

（1）物流追踪环节

在物流的追踪上，随着业务的发展和用户需求的提升，企业对货物的追踪可视化将有更大的需求。而目前的实际情况是无法实现全程、无缝追踪，而且大多数时候还具有延迟性，从而导致大量资源的浪费，让成本进一步提高。

5G的出现解决了物流企业的这一痛点，5G的覆盖广、低功耗和低成本优势可以很好地解决这一问题。5G与大数据结合可将仓库与车载视频监控画面精准可视化展现，并实时进行监控、计算、分析和预警，从而提高货物定位与跟踪的精准度，最大限度地节约成本。

（2）人力资源环节

无人机的使用可以大大提升工作效率，释放劳动力，从而降低人力资源成本。比如，有的企业通过单证机器人降低90%时耗，释放人力50%，节约20%的人工。有的企业建设智能数字公路港，两个月节省了人力成本300万元。

（3）智能物流建设环节

5G技术的成熟还将解决智能物流建设的高成本问题。以AGV为例，在智能物流建设中，首先需要做的就是配备足够的AGV，这部分费用是非常大的，因为每台小车都有自己的“大脑”（芯片），而芯片费用基本维持在8万元左右。若5G技术成熟，未来可通过集约化方式统一管理，通过“中央大脑”管理上百台AGV。也就是说，未来AGV可能自身没有“大脑”，这样就可以将成本骤减至2万元左右，大大节省采购成本。

5.3.3 实现无人配送

随着物流配送压力的增大，无人配送正成为行业巨头们争夺的“香饽饽”。基于此，目前全球范围内，包括亚马逊、Uber、英特尔、顺丰、京东、菜鸟、饿了么等企业，都在加大对无人配送的布局。

案例 5-3

早在2015初，淘宝网就针对北京、上海、广州三地特定区域的用户采用无人机送货，北京的第一单已经在2015年2月4日上午完成，用时37min。这次活动中，用户只要在指定页面下单，就有机会体验这项服务，大概有450名用户体验到了这项服务。

从上述案例中可以看出，淘宝尽管早已实现了无人机配送，但局限性也非常大。比如，只针对特定区域的用户，在指定的页面下单。为什么这么做？大概率还是客观原因所致。比如，无人机抗干扰能力弱，无法在高楼密集、电磁环境复杂的地方飞行。

归根结底，这都是4G网络的局限性，而在5G时代这一切都将会改变。强大的5G实时通信基础设施，将会使得无人设备运行更加安全可靠，提供更优的服务体验。

苏宁是现代智慧物流企业的杰出代表，在行业领先的网络布局基础上，不断加速5G技术在物流仓储领域的创新应用，提高流通效率、降低物流成本，成为“5G+物流”的创新先锋。2020年“618”期间，苏宁物流在国内首次将5G技术落地仓配系统，打造了全国首个5G无人仓，为整个物流行业的数字化转型按下了加速键。5G是真正促进无人机配送技术发展的力量，其优势表现在以下三个方面。

① 5G大带宽、低延时的特点，使5G网络抗干扰的能力特别强，在高楼密集、电磁环境复杂的之前被定义为飞行禁区的地方，5G环境都可以实现；

② 无人驾驶车上应用车内网、车际网、传感器、数据挖掘、自动控制、RFID、车载移动互联网等技术，在5G时代更加成熟，可以对车的行驶进行控制；

③ 无人机上安装很多传感器，例如图像、温度、湿度、信号强度、空气质量强度等，从而可以在配送过程中获得大量数据。比如，飞行速度、路线等数据，实时收集、实时传输，便于无人机在行驶过程中与公众网络动态连接。

随着5G自动驾驶技术成熟，可以预见，在未来的物流运输中，路面交通堵塞、危险驾驶等瓶颈问题也将迎刃而解。这将使运输全过程更为及时、高效，步骤更为流畅，物流成本更低，最终实现运输物流全自动化。

第6章 5G+医疗：让异地就诊难不再是问题

5G技术最大限度地助力实现了远程医疗，将会使各地的医疗资源配置更优化，同时给患者就医带来更多便利。远程医疗可以实现医患的充分沟通，完成病症的初步诊断和治疗，免去患者的舟车劳顿。

医疗领域面临的两大困境

我国的医疗卫生事业经过几十年的发展，取得了巨大进步，也获得了全世界的称赞。但有一些顽疾仍未消除，集中体现在两个方面：一是医疗资源发展不平衡、不充分；二是医疗信息无法共享。而这两个问题在5G时代都会被极大地缓解，甚至根除。

（1）医疗资源发展不平衡、不充分

医患矛盾是社会普遍关注的一个问题，造成这个问题的主要原因就是人民日益增长的健康卫生需求与社会医疗资源发展不平衡、不充分所造成的供需失配。

例如，在北京、上海等一线城市，医疗资源十分有优势，每个病人都可以轻松享受到最好的医院硬件和服务；而在偏远地区，优势资源往往集中在一家或几家大医院，这样就形成了大医院人满为患、小医院无人看病的窘境。更为严重的是，医疗资源相对贫乏的地区，人们的就医意识差，不用说常规体检，就连生病后也没有去医院医治的习惯，严重损害到了自身的身体健康。

医疗资源的发展不平衡除了体现在地区差异上，还体现在医院个体差异上。即使在北上广深这些一线城市，三甲医院与普通医院也是两个景象，常常是三甲医院人满为患，普通医院门可罗雀。

（2）医疗信息无法共享

目前，我国绝大部分地区的医疗信息共享系统还处于开发阶段，医院间的信息无法很好地共享，这不但是一种资源浪费，还会损害到患者的切身利益。

以医疗信息中的患者就诊信息为例，患者在A医院的就诊信息、病情信息，在B医院可能看不到，即使看到也不会被认可。患者从A医院转到B医院就诊，就得重新诊断、检查，几乎是以与A医院一模一样的流程，重新走一遍。

这也许有更深层的原因，但不可否认原因之一肯定是医疗信息无法共享、不透明。

6.2 5G大大提升医护人员的工作效率

6.2.1 大量先进的医疗设备投入使用

庞大的5G物联网可以提升医疗设备水平，为医院提供智力支持和技术支持，可以大大提升医护人员的工作效率。

例如，大规模物联网涉及医疗物联网（IoMT）生态系统。医疗物联网未来会是健康的连接生态系统，是健康医疗的智慧源泉，将包含数以百万计甚至数十亿计的低能耗、低比特率的医疗健康监测设备、临床可穿戴设备和远程传感器。

早在2017年，一款医疗物联网产品在Qualcomm Tricorder XPrize医疗设备竞赛中脱颖而出。该产品就像智能手机一样，可放在手掌中，操作也非常简单，通过皮肤接触采集被测者大量健康数据，再经过智能化分析诊断和解读被测者的健康状况，能让患者轻松地在家里监测自己的健康状况。

据悉，该产品可诊断和解读13种健康状况。其实，该产品就是一个加载了5G技术的传感器。

案例6-1中的这个设备是5G技术支持下较早出现的一批设备，仅有一个传感器，主要功能还局限在数据采集较初级的应用上，仅适用于健康人或病人自测。如果运用在医院中，仅有一个传感器是远远不够的，必须全面将IoMT设备与传感器结合，以帮助医生为患者提供完整的健康报告，从而形成个性化的健康治疗计划。

上海市第一人民医院在2019年初开始探索5G在医疗中的应用。“当时5G刚出来，不知道对行业有什么改变，以及切入点在哪里。”上海市第一人民医院信息处处长傅春瑜如此表示，后来医院、运营商和区政府成立了5G创新基地。在此基础上，与上海急救中心合作，用5G模块替换急救车的4G网络，开发新的车载设备例如5G监护仪，搭配AR眼镜等使用。“应用5G后，车载设备的传输能力提高。当患者上了救护车，数据就实时传给急诊，医生可提前判断病情、准备检查措施，并指导随车医生进行急救。”傅春瑜说。

四川大学华西第二医院2019年11月建成5G专网。基于5G专网的应用数量和覆盖面积都有提升，特别是在医联体、AI视频监控、5G急救车等领域。该院信息处处长吴邦华表示，医院现有6家紧密型医联体，已有2家通过5G专网连接实现了网络互通；基于5G专网建立了“平安医院”，利用AI来监控视频流，识别可疑人员和肢体纠纷；用5G专网为院内急救中心与5G急救车提供信息传输服务。

医护人员依靠这些设备仪器，能不断采集病人的医疗数据，如生命体征、身体活动等信息。

在5G时代的医疗健康体系中，可以利用很多先进的设备、应用程序。这些设备、应用程序最大的作用就是协同处理各种数据，包括医疗记录、患者记录和临床数据等。这些数据能够有效地管理或调整治疗方案，也可以作为患者病情预测分析的依据，使医生可以更快地检测出被测量者的健康状况，从而提高诊断的准确性。

同时，这些设备智能化程度非常高，可以使整个医疗保健行业日新月异，有了这些设备的连接，加上传感器、EHR系统和医疗大健康应用程序，共同使医疗物联网（IoMT）成为可能。

总之，有了5G，医疗设备将会全面革新，利用设备研究和分析大量患者医疗数据，并为患者提供个性化治疗，将会成为医疗领域的重大进步。

6.2.2 远程虚拟医疗诊治得以实现

随着5G时代的来临，医生与患者实现了远程虚拟医疗诊治，这种新型的诊疗方式可以让医生通过超高清视频对患者提供远程虚拟护理服务；让边远地区病人的时间和空间障碍得以消除，让他们在缺乏医疗专业知识的情况下获得更好的护理。

远程虚拟医疗是一种通过电子通信从一个站点向另一个站点交换有关患者临床健康状况的医疗信息的服务，以达到对在偏远地区或医疗专业人员短缺地区的患者的治疗，它可以提供方便的即时护理。

远程虚拟医疗最早出现在20世纪70年代的美国，而受限于电脑或移动设备的普及程度和技术水平不高，所谓的远程医疗并未大范围运用。而在5G时代，随着5G新技术、新设备的出现，远程医疗才有可能迅速发展，成为未来医疗诊治的主流。

5G是一种增强移动宽带，可以支持个性化的医疗应用程序，并提供身临其境的体验，如虚拟现实（VR）和在线视频。

案例6-3

2020年初的一场新冠肺炎疫情打乱了医疗行业多年的平静，医疗机构/医院陷入了漩涡，一年中大多数时间处于“半停业”状态（指对于非

新冠肺炎患者的诊治）。但任何事情都是有利有弊，疫情期间也促使不少医疗机构开始转变，有的医院几天内就迅速调整了思路，用虚拟远程医疗思路管理非新冠肺炎患者。

北京、上海、广州、武汉、海口、沈阳等城市重点医院均开始了5G智慧医疗建设，利用信息通信技术，缓解医疗资源紧缺的压力，保障人民身体健康。同时，5G远程会诊、5G远程手术、5G机器人查房等也大范围应用，极大地提高了诊疗效率，提升了诊疗成功率，5G+在抗疫中发挥了重要作用，疫情过后也将是未来的主线。

4G网络不能满足远程医疗对图像传输的要求，5G的超高清视频可以直接将患者和专家医生连接，高清的视频可以直接让专家医生清晰地看到患者的状况，专家医生的屏幕上能够看到患者的身体各项指标信息、症状和之前的诊断信息，根据各种数据判断患者的病情，随后做出准确的判断。专家医生指挥患者身边的医生进行操作，视频语音实时传达。5G打破了地域障碍，解决了医患因距离远可能耽误病情的问题，患者不用亲自前往医院也可以得到该医院的诊治。

6.2.3　让实时监测真正做到及时

5G在医疗上的运用方面，有一种新型无线电技术，利用其对病人的监测将会更加及时，大大提升救治概率。

5G新型无线电统一接口以深度、冗余覆盖和高系统可用性连接多个网络节点上的医疗传感器。极大地提高了设备的可靠性，将延迟最小化（低至1ms），并确保关键传输（如医疗紧急情况）可以优先于其他传输。

利用5G IoMT传感器监测心脏病情，患者一旦发病，传感器可以通过网络快速传输患者的遇险信号和生命体征到附近的医院，提高医生治疗的速度和效率。这种情况不允许出一丝差错，因为一旦失去连接，则很可能导致严重的后果。

5G低时延、速率高，只要将传感器与患者相连，就可以对患者病情做出最及时的反应，人机相连，机器会实时掌握患者的健康状况，对人体内的情况了如指掌。一旦出现危机症状还会发出预警，随即和网络相连的急救通信系统会将急救信息发送到急救中心，急救中心立刻做出反应并传达给机器解决办法，帮助病人控制病情，阻止病情继续恶化，同时派出急救车将病人送至医院。

此外，5G与医疗结合后，还可以提供强大的疾病预防和防治解决方案，如利用大数据、云储存和AI等技术对病人的生活方式进行干预，以确保病人的身体状况良好。

对于很多疾病来说，预防比治疗更重要。5G的广泛连接可以给每个病人都配备一个医疗机器人，机器人上安装疾病预防和慢性病管理的健康管理平台，还有一些智能的穿戴设备，利用大数据、云储存和AI等技术对病人的生活方式进行干预。机器人可以实时监控患者的各项指标，比如血氧、血压、心率、血糖等，如果某项指标出现异常，机器人会提前发出预警，并且反馈给医护人员。医护人员会根据疾病情况进行检查，对高危病人进行定期筛选、访问和监测。

6.2.4 共享医疗，分摊成本

在5G多种技术的支持下，未来医疗的资源将真正实现共享，打通拥有优势资源的大医院和资源相对匮乏的基层医院，研究所研究人员和医院医护人员的障碍，实现共享医疗，协同工作。

5G网络的大容量和超高速，足以支撑大量医疗数据的存储和实时传输。比如，医生在为病人进行初步诊断、检查或者治疗的过程中，会产生大量的监测数据，这些数据通过5G网络快速上传到一个专门的医疗数据服务中心，通过医疗数据服务中心的多台高性能服务器的快速分析和计算，再将实时图像、数据反馈给医生。

通过共享，各医疗机构之间也能得到专业的实时医疗数据，解决目前远程诊疗AI医疗技术不成熟的问题。针对复杂病症，如病人无法就近诊疗，远程诊疗服务模式可以变成专家指导基层医师、基层医师治疗病人的远程分级诊疗模式。

大量数据通过医疗数据服务中心的收集和分析，会形成庞大的数据库，从而实现了各大型医疗机构、研究所、学院、基层医疗机构之间的数据共享。

各大型医疗机构可以基于大量病例数据对各类病因、病理进行分析，提前预防流行病的爆发；研究所和学院可以根据对各种病例的医疗学术研究，推进国内医药技术的创新发展；同时，大数据为基层医疗机构从业医师提供了更大的学术进步空间，即使在最基层的乡镇医疗机构，只要与数据库相连，也有机会享受到大医院、最先进权威的医疗技术资源，形成新的医疗互联共享机制。

医疗共享还可以大大降低医疗费用。通过共享医疗，医疗机构不必花费过多成本购买大量高精尖的医疗器械主体，只需购买少量医疗器械配件，就足以支撑机构的日常运作。这将大大降低医疗机构的运营成本。

以B型超声多普勒仪为例，普通的一台国产彩超售价大约150万元，一年的日常维护费用大约10万元。连接到5G，实行医疗共享后，一个基层医疗机构普通超声检查项目仅需要配置一个改进超声检查探头和一台普通电脑，费用大约10万元，一年的日常维护费用大约5万元。

第7章 5G+农业：打造未来智慧农业

在5G助力下，传统农业向智慧农业迈出了坚实的一大步，而且已经收到很大的成效。例如，精准种植，降本增量，打造智慧农场，开启溯源模式等。这让农业生产更科学，更加符合现代人的消费需求。

智慧农业概述

7.1.1 智慧农业定义

随着农业现代化的发展，传统的农业耕作模式已经在逐渐改变，一些新技术、新设备的应用，让农民不再“面朝黄土背朝天”，也能喜得秋日的收获。无论在国内还是在国外，智慧农业都在如火如荼地进行，逐渐成为农业的主流。

我国的农业也呈现出数字化、智能化、自动化等特点，向智慧农业转型。不过，目前智慧农业普及度还很低，主要集中在苏浙沪一带。

在浙江桐乡乌镇2019年世界互联网大会上，国际互联农业博览园农场中一台多功能植保机成为“明星产品”，吸引了很多人的目光。这台机器由于使用了5G技术，不仅可以帮助西红柿感知环境变化，并根据变化实时调整，如温控、补光、遮阳等，还能自动消毒、灭菌、杀虫、施肥、浇灌等，实现全程5G控制与管理。

案例 7-2

浙江庆渔堂农业科技有限公司是一家从事水产养殖的公司，率先进行了智慧养殖改造，整个养殖过程都融入了高新技术。例如，利用鱼探仪、传感器、高清摄像头以及智能网箱等搜集鱼塘的数据信息，再通过5G网络实时上传到云平台。这样就能对鱼塘的水下环境进行实时监测，并通过数据分析和处理观察鱼群数量、周围水域环境的变化，最后根据分析的结果制订养殖计划，保持鱼塘最佳水质，进行科学喂养等。

案例 7-3

浙江湖州市吴兴区尹家圩粮油植保农机专业合作社也是智慧农业的典型。这里打造了专门的智慧农业基地，无人插秧机、无人收割机都已经正式投入使用，可以精准地在农作区域耕作，更加高效地完成农业生产。

5G时代，以物联网、大数据、AI等为基础的新技术，与农业领域深入融合，打造新的农业生产方式。智慧农业是农业生产的高级阶段，是集新兴的互联网、移动通信、云计算和物联网技术为一体的新型农业。

那么，什么是智慧农业呢？

所谓智慧农业，是指将物联网、大数据、3S技术、AI等技术运用到传统农业中去，通过传感器、移动平台或者电脑平台对农业生产进行控制，实现对农业生产的可视化远程监测、远程控制、灾害预警等智能管理，目的就是使传统农业更具有“智慧”。

从上面的定义中可以看出，智慧农业核心就是现代信息技术在农业中综合、全面的应用，具体包括物联网、大数据、3S技术、AI等，由于这些技术与5G密切相关，所以，智慧农业发展一定是离不开5G的，随着5G的成熟与普及，智慧农业也会得到更深入的实施。

7.1.2 智慧农业的技术核心

智慧农业的技术核心是物联网技术，由于是运用在农业上，又叫农业物联网。所谓农业物联网是指利用传感器收集农作物的生长数据、土壤数据、环境数据以及气象数据等，并传至农田内安置的小基站，而后将数据通过2G/3G/4G/5G/GPRS等传输至大基站，再传输至云端的一种技术。在这项技术的支持下，构建农业数字模型，包括作物生长模型、作物灌溉模型、作物病虫害模型、温室控制模型等。

农业物联网技术常常用在六个方面，具体如图7-1所示。

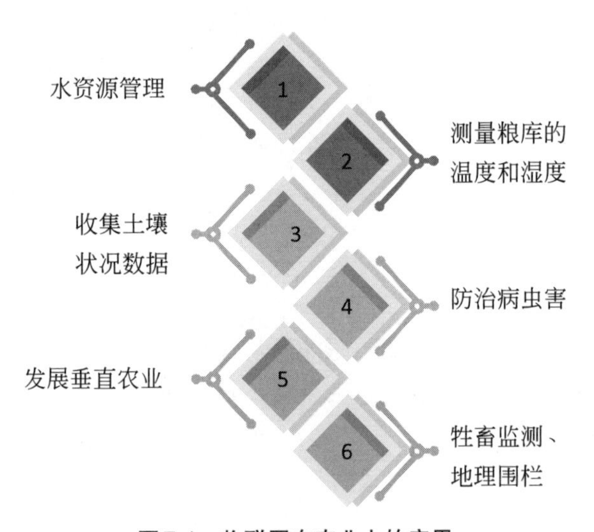

图7-1　物联网在农业上的应用

（1）水资源管理

使用联网传感器测量土壤湿度，可以做出数据驱动的决策，实现灌溉自动化，并减少多达30%的耗水量。

（2）测量粮库的温度和湿度

有些农作物需要特殊的储存条件，而物联网技术有助于确保温度、湿度保持一致，不受外界影响，大大降低了变质的概率。

（3）收集土壤状况数据

土地是决定农作物能否丰收的最主要条件，借助无线网络可以远程获取精确的田间数据，如土壤质量、含水量和气温，以制定有针对性的调整方案。此外，对历史模式的分析还有助于做出准确的长期决策。

（4）防治病虫害

对病虫害缺乏有效的管理直接危害到农作物的生长。物联网传感器可以提供关于作物健康的实时信息，并显示害虫的存在，从而免除了人工的耗时检查。

可以收集传感器和无人机的实时读数，以进一步调查害虫的行为模式。一旦检测到特定的天气模式，便可以创建警报，以便农民做出病虫害处理计划，降低损失。

（5）发展垂直农业

垂直农业正在变得越来越受欢迎。所谓垂直农业就是在不需要土壤或自然光、除草剂和杀虫剂的情况下，通过水培系统（再次使用循环水），更快、更便宜、更清洁地种植，包括水果、蔬菜和菌类在内。与传统做法相比，垂直农业可以大大降低种植成本，而且不受自然条件影响。

而发展垂直农业离不开物联网技术，这种技术是水培系统和其他配备，诸如再生能源（太阳能、风能）驱动的节能LED灯自动控制得以实现的保证。

（6）牲畜监测、地理围栏

该技术常用于农场，利用无线物联网应用程序可以收集牲畜的位置和健康状况数据。这些数据有助于防止疾病传播，并降低劳动力成本。

总结一下，智慧农业所应用到的技术，除了物联网，还有大数据、AI、3S这些技术。这些技术之间不是单一存在的，而是相辅相成、深度融合和二次创新，缺一不可。在未来，随着技术的不断发展和融合的不断深入，这些信息技术一定会助推我国智慧农业实现高质量快速发展，最终实现农业的现代化、智能化、智慧化转型升级。

7.1.3　智慧农业对我国农业发展的作用

智慧农业对我国农业的发展有很大促进作用，可以让耕种更加科学，提高农业生产效率，减少人力和物力投入，增加收成等。智慧农业对农业发展的推动主要体现在以下四个方面，如图7-2所示。

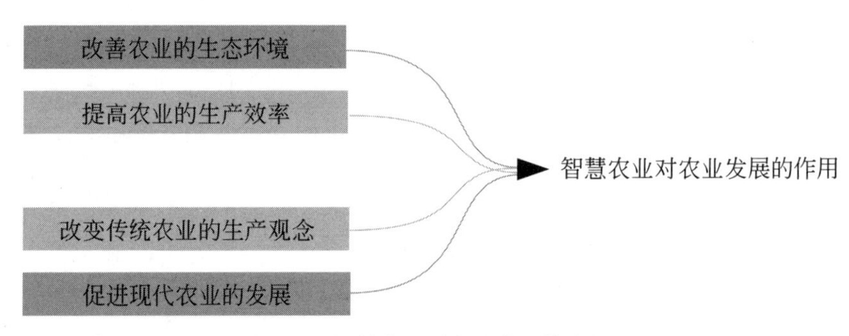

图7-2 智慧农业对农业发展的作用

（1）改善农业的生态环境

农作区域的物质交换和能量循环会构成一个系统，通过网络，在系统运行过程中可以由机器对农作区域的各项指标不断进行监测和计算，保证农作物的蓬勃生长。

（2）提高农业的生产效率

机器通过对农作区域的实时监测，由专家给出农作物生产和管理建议，让农作物的生产有规模、有条理、科学、有效率、集约化地进行。

（3）改变传统农业的生产观念

在传统农业的生产观念改变之后，生产者和农作物生产体系也将改变。农业生产者将系统地学习农业生产知识，科学地进行农业生产。

（4）促进现代农业的发展

农业的发展未来还需要建设有特色的有机示范区、农科园区、体验区，促进现代农业的发展，将每一块土地都进行高效利用。

智慧农业的发展刚刚起步，未来还有很长的路要走。普及智慧农业，农业的产业链就必须要进行升级。

在生产领域，生产主力要从人变成机器。做好农业生产数据的统计，将数据输入网络，通过机器进行农作物生产和后续分配。

在经营领域，农业要推出一个集个性化和差异化为一体的营销方法，打破地理的局限，统计所有地区的特色产品，结合现有的营销模式，线上营销和线下营销共同进行。制定营销流水线，将农产品的生产、包装、销售、发货每个流程都落到实处。产品生产满足消费者需求，通过多个渠道进行宣传，提供个性化生产、个性化服务。

服务领域要更加具体、更加全面。通过手机终端连线农作物场景，实时了解耕作信息，并且通过信息技术预警自然灾害，提高农作生产管理水平、决策水平、市场营销能力，在降低成本的同时提高工作效率和产量，尽快让农业走向现代化和数字化。

7.2 智慧农业的“智慧”体现

7.2.1　数据化

大数据技术在智慧农业中运用非常广，又称农业大数据。农业大数据顾名思义就是大数据理念、技术和方法在农业方面的实践，包括从产到销（种什么，怎么种，往哪里销）整个过程中的各个环节。

农业大数据是智慧农业的集中体现，是智慧农业的主要组成部分，对农业的长远发展有诸多好处，具体如图7-3所示。

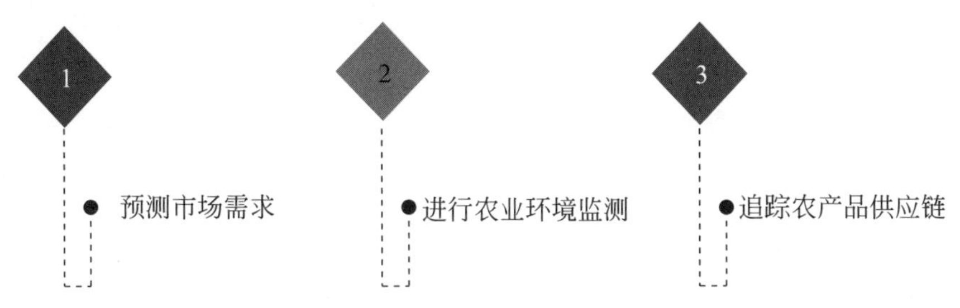

图7-3　农业大数据对智慧农业的好处

（1）预测市场需求

通过大数据平台搜集消费者的需求信息，结合农业生产过程中的数据，汇总形成需求报告，进行市场分析，以提前规划生产，实现农业生产的供需平衡，降低风险。

（2）进行农业环境监测

通过搜集农作物生长环境中的各项指标数据，结合农业生产的历史数据和实时监控数据进行分析，提高对农作物种植面积、进度、产量、环境条件、灾害强度的监测能力，以利于农作物在生长过程中减小各种灾害的影响，提高农业生产效率和产量。

（3）追踪农产品供应链

农业大数据涵盖农产品生产者、经销商和运输者等多个方面，实现了从农业生产、农业市场到农产品管理，从田间到餐桌每一个环节的追踪。因此，利用大数据技术将会全面提高整条农业产业链的质量与效率。

通过农业大数据，实现产销一体化，将农业生产资料供应，农产品生产、加工、储运、销售等环节连接成一个有机整体，通过深度挖掘和有效整合各个环节的流通数据，为农产品生产和流通提供高效、优质的信息服务，从源头上保障食品安全。

综上所述，农业大数据在智慧农业中是十分重要的。那么通过什么途径获取这些数据呢？我们可以从其分类上得到启示。

农业大数据主要集中在农业自然资源与环境、农业生产、农业市场和农业管理等四个领域，在搜集数据上也要从这四个方面入手，如表7-1所列。

表7-1　农业大数据领域

数据类型	数据来源
农业自然资源与环境数据	土地资源数据、水资源数据、气象资源数据、生物资源数据和灾害数据
农业生产数据	① 种植业生产数据：良种信息、地块耕种历史信息、育苗信息、播种信息、农药信息、化肥信息、农膜信息、灌溉信息、农机信息和农情信息 ② 养殖业生产数据：个体系谱信息、个体特征信息、饲料结构信息、圈舍环境信息、疫情信息
农业市场数据	市场供求信息、价格行情、生产资料市场信息、价格及利润、流通市场和国际市场信息等
农业管理数据	国民经济基本信息、国内生产信息、贸易信息、国际农产品动态信息和突发事件信息等

值得注意的是，农业大数据具有地域性、季节性、多样性、周期性等特征，海量数据来源广泛、类型多样、结构复杂，必须结合实际，选择适合的存储、处理和分析方法，否则即使采集到大量数据，也无法指导农业实践。

7.2.2　智能化

智能化是指AI在智慧农业中的应用。目前，AI各项技术在智慧农业生产的产前、产中和产后各阶段均有应用。农业中的AI技术是指利用计算机视觉、图像识别，以及深度学习为主的AI技术，实现气候、作物产量预测，病虫害防治等。

AI技术在农业领域的具体运用，主要表现在以下七个方面，如图7-4所示。

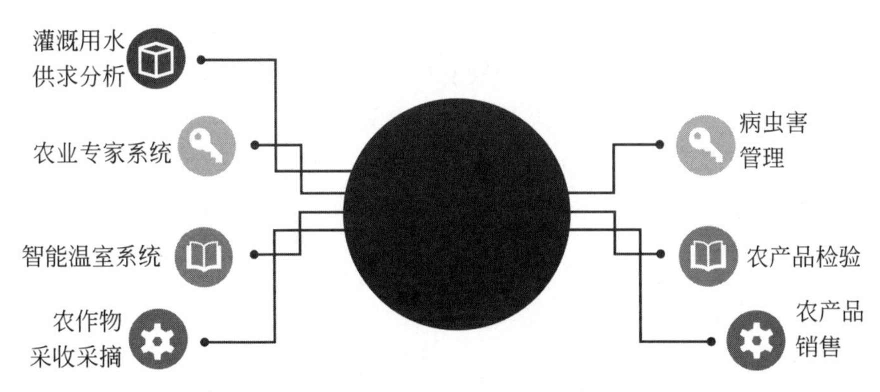

图7-4　AI技术在农业领域的具体运用

（1）灌溉用水供求分析

做好灌溉用水供求分析，既能帮助选择合适的灌溉水源，保证农作物的用水量，又能减轻旱涝对农作物产量造成的不良影响。在智慧农业灌溉用水供求分析中，使用的是智能灌溉控制系统，其中人工神经网络（Artificial Neural Network，ANN）技术应用最多。

ANN技术具备机器学习能力，能够根据检测得到的气候指数、水文气象数据，选择最佳灌溉规划策略，实时监测土壤墒情，实现周期灌溉、定时灌溉、自动灌溉，既能节省灌溉用水，又能为农作物生长提供良好的环境。

（2）农业专家系统

农业专家系统是一种模拟人类专家解决农业领域问题的计算机程序系统，其内部含有大量农业专家的知识与经验，它可以利用AI日趋成熟的各项技术，解决一些过去只能依靠农业专家才能解决的现实问题。

对农业大数据进行可能性的推理、演绎，并做出准确判断与决策，这就是专家系统的工作。通过AI专家系统对环境因素和农作物的生长状况进行数据分析，就能够及时获得农作物在各生长阶段可能遇到的问题相应的解决办法。

（3）智能温室系统

智能温室系统通过在温室安装的传感器，测定出农作物的生长状况，并采集温室内外部生长环境数据，根据AI系统处理、分析这些数据，可以很便捷地遥控灌溉和施肥。同时，对卷帘装备系统、加热系统、遮阴设备系统以及灌溉区的流量控制系统也可以进行自动化控制，既减少劳动力的使用，又可以规避不良气候等因素带来的风险，节约生产成本，提高经济效益。

（4）农作物采收采摘

农作物采收采摘采用AI技术开发的瓜果采摘机器人，既可以提高瓜果采收采摘速度，又不会破坏果树和果实，对瓜果类产品进行无损采收采摘作业。这些采摘机器人通过摄像装置获取到果树的照片，可采用双目立体视觉在果园中对果实进行定位，用图片识别技术去判断瓜果成熟度。定位瓜果中哪些是适合采摘的，然后利用机械手臂和真空管道进行采摘，一点都不会伤到果树和果实。

（5）病虫害管理

目前市面上已经出现了多款智能植物识别APP，不仅能识别农作物种类，还能够帮农户智能鉴别农作物的各种病虫害，充当植物“医生”。农户只要用APP拍一下患了病虫害农作物的照片，它就能够诊断出农作物患的是虫害还是病害，具体病虫害的名称是什么，还可以给出一套相应的预防或治疗方案。为用户搭建持续性更强的社交平台，供用户和专家交流，使有兴趣的用户可以针对相应的病虫害开展讨论交流。

（6）农产品检验

目前国外普遍利用机器视觉进行农产品品质自动识别，研究的对象极其广泛。小到谷粒的表面裂纹检测和农作物种子的分级，大到根据黄瓜、土豆等农产品的大小、形状、色泽和表面缺陷与损伤等进行分级，都在其研究范围内。

它已经成为一种成熟、可靠的农产品外观形状检验工具。通过机器视觉系统识别过的农产品，其品质与安全性可以让消费者更加放心。

（7）农产品销售

利用AI对农业大数据进行市场分析，可以知晓农业行情，避免暴涨跌，用数据让农产品卖得顺畅、买得放心。将AI技术有效地应用在农产品营销中，既可以缩短农产品生产运输的时间，又可以提高农产品销售链的效率，减少劳动力投入。

7.2.3　信息化

智慧农业之所以有信息化的特征，是由于采用了一种叫3S的技术。3S技术是三种技术的合称，即地理信息系统（Geographic Information System，GIS）、遥感技术（Remote Sensing，RS）和全球定位系统（Global Positioning System，GPS）。3S技术的组成如图7-5所示。

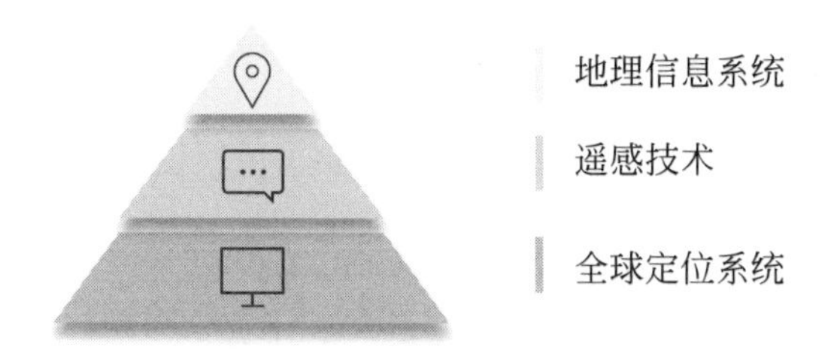

图7-5　3S技术的组成

3S技术在农业领域得到了广泛应用，加快了农业信息化的步伐。3S技术在农作物估产、动植物长势检测、病虫害预报、定量施肥与灌溉、农业生产模型仿真、农业自然灾害监测、农业生态环境监测、农业资源调查与利用监测、土地资源退化监测、土壤适宜性评价、土地利用调查、土壤侵蚀监测、自然灾害预防与评估等方面有着广阔的发展前景。

（1）GIS

GIS能够生成不同要素图层，存储管理农田参数、土壤养分含量和施肥量等数据，实现农业信息、农业资源的多要素农业信息管理系统，动态完成农田网格划分、生成施肥处方图，综合管理分析土壤pH值、土壤养分分布与变异等数据，为现代化农业发展提供决策支持。

（2）RS

RS在智慧农业中，用于农作物病虫害防治、植被生长监测和精细施肥等方面。农业遥感图像解译技术也是智慧农业重要的研究对象，根据农作物长势、叶色等来判断作物营养状况，结合土壤养分的测定，用于施肥决策。利用遥感数据还可以对农作物进行分类，估算农作物播种面积和产量，评估灾害损失。

（3）GPS

GPS广泛应用于现代农业中，与农业机械结合，在收获机等各种农具上安装GPS终端，可以精确显示农机所在位置的坐标信息，对农机作业进行导航管理。利用GPS的精确定位功能，可以对农作物精确施肥和喷药，降低了肥料和农药的消耗。

综上所述，GIS用于空间数据可视化的查询、分析和综合处理，RS能够大范围获取地物信息的特征和变化，GPS能够快速定位并获取准确的位置信息，三者紧密结合为地学研究提供了新方法，为智慧农业的发展提供了重要技术手段。

7.3 5G助力智慧农业的4个方面

7.3.1 实现精准种植

随着5G的普及，智慧农业的发展也迎来更大利好。众所周知，5G具有高速率、大容量、低时延三大优势，能够让现有网络突破诸多瓶颈，为各行各业培育新业态提供关键助力。因此，对于智慧农业发展而言，5G将会带来重要帮助。

借助5G网络，农户在进行农作物种植时，能够对土壤、气象等关键数据进行实时监测和获取，并实现对智能灌溉系统的远程控制，从而达到精准耕作、及时施肥、合理灌溉的目的，推动种植环节的智能化升级。

可以对农场周围进行数据监测。例如对温度、湿度、光照强度、酸碱度等重要数据进行实时监控，并给出专业性的指导（如如何进行水肥的灌溉、补充光照，需要进行多久的消毒杀菌等），让农作物处于最佳的生长状态，提高农作物生产效率、数量和品质。

在农作物的生长环节，借助5G农户能够对生长环境和生长情况进行实时跟踪，监测农作物的需求和变化。并通过远程指令让相关管理系统或者植保设备进行灌溉、除虫、施肥等操作，实现“无人化管理”，推动生长环节的智能化升级。

7.3.2 充分利用天气因素

天气对于农业生产十分重要，一旦受到极端天气的影响，或者是没有恰当利用合适的天气因素，对于农作物生长和产量提升有很大的影响。此外，天气还会对农作物运输与储存有一定的影响。在监测天气的过程中，5G可以发挥显著的作用。监测天气条件需要部署大量的传感器和监测系统，而5G网络可以明显提升信息的收集、传输与分析能力，为构建更加精准、及时、有效的农业天气生态提供强大支撑力。

比如，进入主汛期，一些地区汛情严峻，给农业生产造成不利影响。上海市崇明岛内种植户反映，他们依托智慧农业成功躲避了汛期的“迫害”。种植户所说的高科技就是“智慧温室大棚测控系统”。据介绍，在5G网络助力下，当雨雪传感器监测到下雨信息后，该系统给执行器发送信号，保证卷膜、放风机及时关闭，特别是在暴雨频发的时节，可以有效地降低种植户的损失。

在种植户没注意到天气的情况下，当该系统监测到数据异常时，会不停地给种植户发送提醒通知，即使在赶不到温室大棚现场的情况下，种植户也可以远程关闭执行器，减少损失。在无人的情况下，该系统仍然可以通过参数设置自动管理温室，让温室里的农作物一直处于适宜生长的环境中。

5G时代智慧农业最大的优点就是以机械替代人工，深层次解决农业生产中的问题，带动智慧农业向高效率、低成本发展，5G遥感探测、大数据、物联网、移动互联等新技术在农业产前、产中、产后全方位的引入，使作业精准化，技术智能化，产业化发展现代化，这样的智慧农业才是农业中的“高大上”，将对农业产生革命性的改变。

7.3.3　开启智慧溯源模式

农业关乎人们衣食住行中的“食”，对于食品来讲最重要的就是安全和标准，没有质量保证的食品是不合格的食品。因此，保证食品的质量和标准是农业最希望科技助力的。

把食品的质量和标准提高，农产品才会继续发展。通过科技工具和技术提高农产品的质量和标准是当务之急。

截至2020年初，广州大气候农业科技有限公司通过大数据、物联网和AI已经打造出200个可溯源农产品品牌，这代表科技可以把可视化溯源应用到农产品的品牌建设上，这200个可溯源的农产品品牌让农业生产者增加了超过1亿元的收入。

无论是传统农业技术还是5G背景下的新技术，都要以农产品的安全作为前提。在安全的基础上，未来农业的发展目标是打造大量的可视化农业溯源品牌，给农业工作人员的农业生产建立标准，推动农业向数字化、现代化发展。

2019年8月，广州大气候农业科技有限公司开启了国内第一个F2C农业物联网电商平台，命名为农眼溯源店。这个平台在功能上有了很多的创新，如图7-6所示。

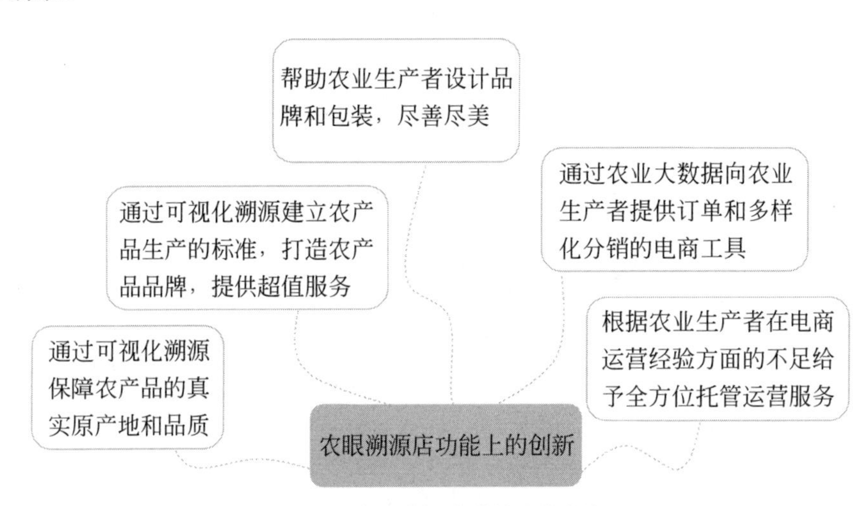

图7-6　农眼溯源店功能上的创新

京东在物联网的基础上，借助云计算、大数据和农业开放平台，开始给数字农业提供智能的农业服务，提出“十百千万”计划。

“十”的意思是通过智能农场的物联网设备，减少农业向科技化转化的成本，把数字农业解决方案的成本控制在十万元，同时提升技术应用的推广水平。

“百”的意思是在赋能区域公共品牌建设和新农人培育方面，开展“品牌+新农人100”共同发展的计划，不让新农人的发展限制在种植、生产、推广、销售、品控和流通几个方面。

“千”的意思是建立一千个京东云智能农场，创建以科技、产地IP、全渠道为一体的样板。

“万”的意思是将一千万元作为云数字农业产业的储备资金，努力发展新模式、新产品、新技术，加速农业的应用和宣传。

京东在黑龙江省已经创建了第一个智能农场，主要农产品包括有机杂粮、有机山珍、有机大米等，先进的技术可以在农场内实现精细种植、全程监管、可视化溯源和有机品牌建设。

之前一段时间我国的农业以小农户经济为主，量级小，不集中，连接和协同能力不强，成功经验不足，国家需要在大型的国有农场中建立智能农业示范区，总结成功的经验。智慧农业和数字农业的建立需要以物联网和大数据作为基础。

截至2019年，国内还没有十分充足的农业数据，数据的不足导致农业和

5G、区块链以及AI的融合速度较慢。从小农场开始建设会花费大量的时间和资金，所以京东才会从黑龙江一处有规模的农场开始试验。

到2021年，国内有数字化监管设备、实现精准化种植和可视化溯源的农场数量已经超过2200余个，积累了几百种农作物的智慧种植经验，未来的工作目标是打造以物联网、大数据和AI为中心，打破农户、消费者、产业链和政府监管四者之间的隔阂。

在物联网硬件、AI数据决策、自动化设备智能执行和SaaS系统数据应用的支持下，智慧溯源取得了很大的成就，截至2021年，国内已经研发出农眼、虫感知、农眼全景以及智慧灌溉系统等多个智能硬件，还有农眼溯源、农眼APP、气候云AOS和政府三农大数据平台等软件，创建了多个种植模型，可以预测产量、预警虫害、预报气象等。未来的农业生产将会更加智能，农业生产更加科学。

7.3.4　农机具智能化

2015年以来，我国的老龄化越来越严重，从农村迁移到城市的人越来越多，农业人口越来越少。随着科技的发展，为了保持农业产量的稳定，使人们的生活不受影响，农业中人的工作由机器来代替就成为一种必然趋势。

传统农机具数量多，但在质量上还是有很多问题，例如效率低、不够专业、消耗大等。农民经常夜以继日地耕作，农机具没有发挥最大优势，而且农作都是依靠农民的过往经验，缺少科学依据，很容易出现差错，造成资源浪费、工作遗漏或者重复。

这就需要将5G网络覆盖和卫星高精准定位结合，附加车联网、云计算以及边缘计算等先进技术，在农业中创造可以集自动驾驶、监督作业、多级物联、做出决策等多种功能为一体的智能农机具，如图7-7所示。

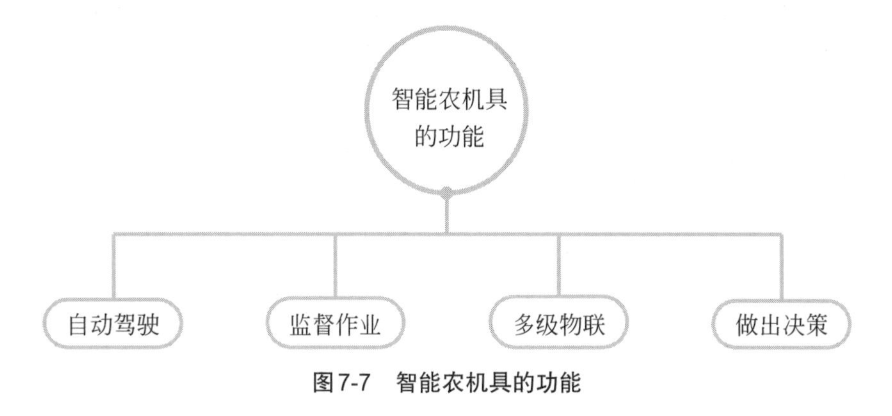

图7-7　智能农机具的功能

无人自动驾驶机器可以减少农业中的驾驶人员，而且可以按照程序24小时连续工作。高精准定位的卫星可以定位、导航，与传感器结合实现机器高精度耕作，农机具按照设置好的路线和时间工作，不会有遗漏和重复。高度标准化耕作能够提高土地的利用率，减少能源损耗，连续工作可以提高耕作效率。智能的农机具能够补偿地形，自动转变方向，自动避开物障，和其他机器协同耕作。

变量施药技术使机器可以自动判断出农作物的生长状态，农作物中是否含有病虫，针对农作物的需求进行药物喷洒，调头时自动关闭喷洒，保证资源的利用率，科学有效地节约成本。

控制器带有按键开关，便于操作，实时显示喷洒的药物剂量，喷洒药物的剂量随着速度改变，精确控制剂量。

阀组的配置十分灵活，拥有不止一个型号，可以根据需要喷洒的不同药物选择不同型号。阀组的使用范围很广，不管是国产还是进口的喷药机，都可以快速应用。

作业质量检测建立在卫星精准定位、卫星遥感、地理信息系统、移动通信、地块矢量图层以及农机具控制等技术的基础上。在农作区域，它可以对农机具的移动进行实时监控，对调度进行管理，对农作区域的地块作业进行管理，控制农作状态，确保农作的质量，精准确定作业面积，矢量管理农机具作业，极大地提高农机具作业管理的信息化水平。

智能农机具的加入推动了农业中核心技术的发展，在智能农业、智能农机具等方面加大创新力度，提高农作标准，扩大农业建设的人才规模，将农作的一些非机密数据设置信息共享，提高资金的利用率，让农业的生产做到安全、高效、精准、低成本、智能控制。

农业生产在智能机器的帮助下完成了从农业信息化到数字化再到网络化的转变，5G的普及会推动农业现代化的发展。虽然农业生产的人力减少了，但是农产品的数量和安全依旧有保障，而且还可以提升农业产业在国际上的竞争力。

第8章 5G+教育：开启场景化教学

5G开启了教育场景化模式，使线上授课更有沉浸感。通过沉浸式教学，让学生对每个知识点都能理解，更加容易将其记住。再加上VR、AR的辅助，还可以实时监测学生的上课状态，反馈上课效率，实施差异化教学。

8.1 改变传统教育形态

就像5G改变商业模式、医疗模式一样，以5G为代表的新技术也正在改变传统教育。从教育的发展历史来看，每次技术进步都会推动教育的变革，不同的是改变路径差异。那么5G通过什么路径来改变教育呢？主要有两个，如图8-1所示。

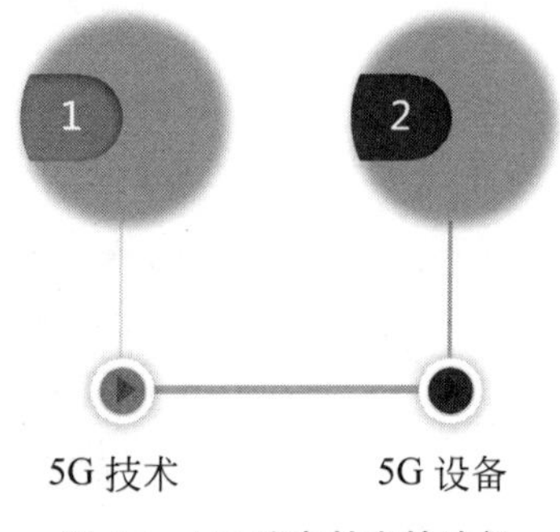

图8-1　5G改变教育的路径

（1）5G技术

随着互联网、移动互联网的发展，在线教育已经相当成熟。早在上世纪末的时候，在线教育平台开始出现，实体教育机构也开始尝试线上教学。2005年前后，随着互联网的日益普及、Web 2.0技术的出现，使网络教育具有强大的交互功能，1对1、1对多的教学模式不断涌现。得益于移动互联网的发展，在线教育开始如火如荼地发展，随着苹果、三星、华为、小米等智能手机以及4G通信技术的发展，各种学习APP的涌现，一些“高端”的互联网在线教育开始走向寻常百姓家。

5G技术使在线教育有了更大的发展空间，为在线教育的发展提供了有力的技术支持。5G高质量视频传输、通话，打破了在线教育远程视频的限制，使在线互动变得触手可及，师生互动更高效、便捷、低门槛、低成本。5G使在线教育更加智能化，聚合AI、大数据、物联网等多种技术，覆盖场景包括虚拟课堂、游戏化课程、VR实验、行为追踪与AI分析、K12教育启蒙、智慧校园解决方案等，5G推动了在线教育快速发展。

（2）5G设备

5G设备让在线教育真正得以实现。以往的教育尽管实现了线上教学，但学生大部分时间仍是被动学习，学习效率并不高。而5G+VR/AR打造的智能设备，可以创建沉浸式教学环境。

5G大大拓展了在线教育应用范围，让VR/AR教育真正得以实现。5G网络具有低时延、高速率的特征，可以扩大课堂中混合现实内容和视频的容量。预计5G的延迟将减少到10ms以下，而人眨眼则需约300ms。如此低的滞后时间将极大地改善AR/VR用户体验，使其成为教师更有用的课堂工具。

8.2 提高教育的有效性和多样性

教育无时无刻不在产生数据，全国每天都会产生1亿多个课时，但这些数据无法得到有效利用。最主要的原因有两个：一是大部分数据都是非结构化数据（视频、音频、文本），处理和分析需要借助AI技术；二是视频数据传输对网络的速率、带宽、延迟有较高的要求。

5G大大扩展了物联网网络容量，这一特性也决定了5G在教育上的一个重要应用，即通过物联网程序，可以更便捷、更大量地获得学生学习的各种数据，提高教育的有效性。

2020年2月7日，罗湖智慧教育云平台1期上线，该平台是广东省教育强区罗湖区与腾讯教育共同打造的“互联网+教育”大平台。该平台与微信实现了互通，用户只需使用微信即可登录，并使用所有的应用服务。

罗湖智慧教育云平台在5G教学中发挥了至关重要的作用。对于教师而言，通过大数据中心，可以精准地把握每个学生对知识点的掌握情况，有针对性地给予辅导，做到因材施教，重构教学模式，为重塑评价体系创造条件。

对学生而言，可以实现多维度评价，让学生开展自适应学习。平台可以完整地记录学生学业情况、变化趋势、知识点掌握情况，从而可以使每个学生更加直观地发现自身的优势和不足。该平台的智能作业功能，可以根据学生的学习情况生成属于学生个人的个性化作业，帮助学生针对自身薄弱环节加强练习。

从上述案例中可以看出，5G改变的不仅仅是教育形态，更是整个教学体系。它可以让老师通过大数据全面了解学生，因材施教；让学生了解自身薄弱点，自我成长；让家长参与孩子学习成长的过程，共同进步。

传统网络技术环境下的教育，线上线下、课程内外、师生之间的数据常常是被隔绝的，从而导致教育的有效性非常差，甚至无效。而5G+教育将更加透明，无处不在的通信网络、传感设备将彻底打通数据壁垒，数据大规模、高速率、全过程传输反馈成为可能，学习资源供给不足的状况将被打破，线上线下课程可以无缝融合。

有了大数据的支持，教育资源将更个性化，教学可以主动适应学生个体的特定需求，主动为学生营造学习环境、规划学习路径、推送适宜的学习资源，实现从“人找信息”到“信息找人”的转变。

8.3 促使教育资源分配更加公平

由于地区间经济发展的差异，教育资源存在分配不均的现象，尤其是城乡之间。5G+教育很大程度上弥补了这一缺陷，通过远程音视频会议技术，将基础教育资源在网络上共享，从而实现教育普惠化，让所有学生都享受到最优质的教育资源。

5G让视频与远程同步课程变得非常便捷，只要能够上网，即便是最偏远的地区都能在线接收来自万里之外甚至全球最好学校的优质课程。

案例8-2

2019年12月3日，广州市教育局、贵州毕节市教育局在两地五所中小学同时开展“5G+智慧教育教学现场交流活动”。广州市第六中学、广州市荔湾区沙面小学通过5G网络，利用5G+双师课堂、5G+MR智慧课堂与贵州毕节市民族中学、毕节市第六小学、毕节市金沙县第三小学开展了别开生面的同步教学。

在一节高中生物课上，广州六中的老师问：“本次实验的自变量是什么？”

“自变量是反应条件。”被提问的贵州毕节民族中学同学回答。

贵州毕节虽然远在千里之外的山区，但通过5G网络回传到广州的图像和语音丝毫没有卡顿。

在数学课上，两地同学也通过5G+双师课堂、5G+AI学习平台和智能数码笔清晰地展现出自己的解题过程。

5G+教育的模式，将会更好地推动城乡教育资源共享。其以先进的网速和容量，整合一切教育资源，优秀的教师面向的将不再限于一个教室的学生，可能同时有几千几万个学生一起学习，这将给教育带来巨大的变化，使得家庭条件不好或者偏远地区的学生也能享受到同等的教学资源，真正意义上带来教育资源的均衡。

近年来，4G多媒体等教学技术的应用已经使传统教育向智慧教育迈出了坚实的一步。但其缺陷也非常明显，比如，一些对实时性要求较高的应用、虚拟课堂教学等难以实现。在5G驱动下，只有进一步补齐短板，才能跟上“智慧+智能”教育环境的革新。

5G在教育上的应用场景

8.4.1　开启场景化教学

场景化教学更能培养学生们的实践能力、创新能力和探索能力。借助5G可以打造多场景教学，它可以让教育过程的教、学、考、评更加高效，可以跟踪教学过程，量化教学成果，进一步开展个性化教学。

场景化教学就是利用移动通信设备的优势，在互联网情景下进行学习的一种模式。这种教学模式的优势是直接将场景呈现出来，化抽象为具体，在实际或虚拟的特定环境或特定时刻，学生在需要应用某些知识或技能时，针对所需知识或技能进行即时学习，达到即学即用的效果。下面以安全教育为例讲述。

传统的安全教育多是传授理论知识，或者是程式化的演习，学生几乎

没有切身体会。所以，所谓的安全教育也基本上停留在一个很浅的层面，一旦真发生意外，学生从课堂上学到的知识有可能一点都用不到。

而5G可以改善这种情况。5G新技术可以创建虚拟场景，让学生真切地体会到自己在事故现场，例如交通事故、火灾、地震、洪水、楼梯坍塌等现场，让学生“真正”置于事故情景中，意识到安全预防和自救的重要性。

在教学中，很多知识、技能是与场景息息相关的，离开了场景，知识、技能的吸收和学习将变得非常困难。过去的教学，由于条件的限制，只能采取面对面授课的方式，有很多优点，其缺点也很突出，就是由于个体差异，学生在学习时容易对知识的传播形成阻碍。

那么，在充分利用5G技术的基础上，如何进行场景化教学呢？常见的有四种模式，如图8-2所示。

图8-2　进行场景化教学的模式

（1）现场直播模式

需要现场场景紧密结合的技能学习，教师可以通过直播设备把课堂直接实时传送到每个学生的移动终端，使学生在不同的地点同时学习。

目前，现场直播模式最受欢迎，成为行业内的宠儿，用户接受度相对较高。

（2）录播场景模式

相较于直播模式，录播课是最早的在线教育业态。早期在线教育在产品架构上主要有三个方向：题库、教辅资料、录播。比较有代表性的有黄冈网校、新东方在线、学而思网校等。这类教育模式基本一样：依托于比较有名学校或者线下教育培训机构，或挑选优秀老师，把上课实录或者由摄像机录制的课程放到网上。

录播课程的最大问题在于没有交互，课堂参与感不强，我说我的、你听你的，甚至在课后也没有相配套的服务。

（3）微课演示模式

微课演示模式是运用最广泛的一种模式。这种模式需要先将课程做成微课的形式，并形成二维码，传到移动终端或学习平台上，让学生通过扫描二维码在移动终端上进行学习。

（4）题库模式

题库即试题库，将试题分门别类，平台更多的工作是搜集试题，将其插入试题数据库中并定期整理更新，在用户体验上完成智能组卷、分析反馈，用户通过海量刷题，完成自我学习。

8.4.2 实现沉浸式教学

在5G+教育中很多时候需要与VR（虚拟现实技术）结合，以打造沉浸式教学。所谓沉浸式体验，即结合虚拟现实头戴式显示器及VR周边硬件设备，使体验者可以在虚拟环境中感受到震撼的视觉冲击。

2019年4月，电子科技大学300余名同学佩戴一体式沉浸设备，纷纷化身“头号玩家”，在虚拟现实中与讲座主讲人实时互动，在VR体验的乐趣中共同学习交流。作为继多媒体、计算机网络之后，在教育领域中最具应用前景的“明星”技术，如今VR伴着5G通信技术的发展，与教育又碰撞出了新的火花。

VR沉浸式教学是一种多人同步、实时互动、让参与者完全置身于虚拟世界之中的教学方式。它将教学内容场景化，为学生提供沉浸式、实践式、交互式的虚拟现实教学和实训环境。利用虚拟现实技术的沉浸式教室是未来的发展趋势。

VR沉浸式教学颠覆了传统的教学模式，有诸多好处。其可以提高学生上课的视觉效果，激发学生的学习兴趣，开阔学生的创新思维，实现360°物理空间，实现知识体系无缝连接，实时展示教育活动，如图8-3所示。

VR沉浸式教学改变了学生原有的学习方式，单向学习变成多向学习，被动学习变为主动学习，整块式学习变成任何时间、任何地方学习。

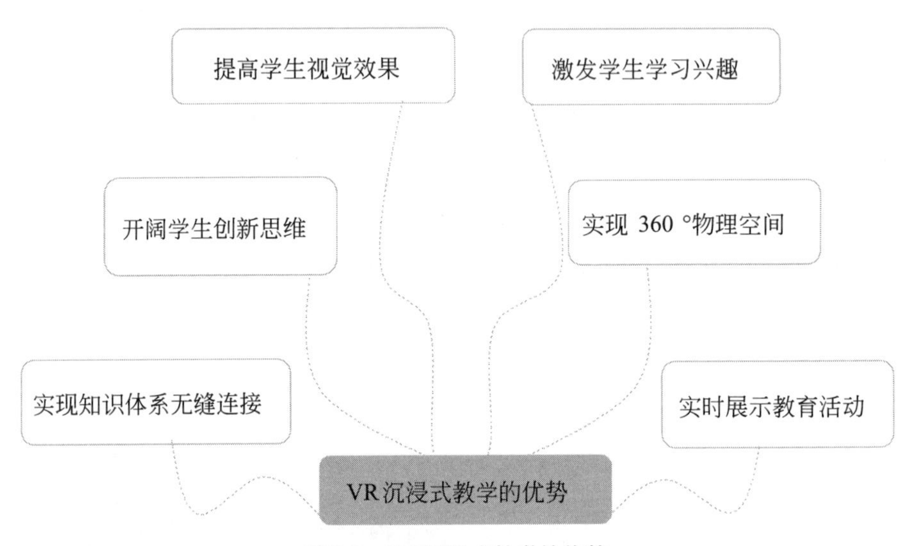

图8-3 VR沉浸式教学的优势

早些年前就有人提出VR沉浸式教学，但是头显（头戴式显示设备）的计算能力、承受能力缺乏技术支持，因此一直没有实现。5G技术恰恰能够满足，5G技术中的边缘计算可以把视频传到云端，云端会把模型用高配置的硬件做出来进行实时渲染，然后将图像再传到头显，这个过程会在20ms以内完成。

操作性强的课程更能显示出头显的作用。头显可以提供多个角度不同的视角，学生们戴上头显之后可以从正面、侧面看到老师的手势。例如，太极课程、舞蹈课程、足球课程，可以让学生从各个角度看清楚老师的动作。

随着5G的到来，VR教学与5G深度关联，让虚拟现实技术更广泛、更有效地应用到教学之中。VR教学的复杂度和沉浸度要求必须有能够提供其所需性能的网络支持，哪怕几毫秒的延迟，效果都可能大打折扣。对于VR实时教学来说，识别的景象会发生连续大量的动态变化，4G难以负担庞大的计算量。

8.4.3 开创云课堂

5G时代是“万物互联”的时代，5G技术对教育行业的影响，不仅仅局限于三尺讲台和45分钟的课堂。5G时代的课堂是云课堂，例如“云教学”“云毕业”“云考试”“智慧校园”……云课堂是指5G面向教育和培训行业的互联网服务，是一个全国资源共建、共享、共赢的平台，旨在为教师和学习者提供多元化、全方位在线教育的平台。

2020年5月29日至6月3日，一场特殊的研究生招生复试“面试”工作在桂林医学院各二级学院展开。主考官们在屏幕前方郑重落座，远在千里之外的考生通过人脸识别后，身临其境般出现在考官们面前，完成面试答题全过程。

这是桂林移动联合桂林医学院搭建的“5G + 云考场”的现场一幕。在5G技术支持下，该校顺利完成820名2020年硕士研究生招生考试远程复试工作。

这是桂林移动在广西落地的首个“云考场”系统。该系统以“云”为媒、以“网”为桥，通过人脸识别、云视讯系统、高清摄像头、双机位监考等技术，部署“云管端用”一体化的云考试架构，为校方提供软硬件一体化远程面试服务。

通过多方视频互动，将考生现场情况全方位、同步、高清地传到考官端，考官端通过屏幕共享等简单的操作，快捷地把考题传至考生。整个过程全程录像传至云端存储，实现复试全过程有据可查，确保面试公平公正，维护每个考生的合法权益，实现了见“屏”如见“面”。

案例
8-6

2020年6月23日，受疫情影响，桂林旅游学院2020届毕业生迎来了人生中最难忘的毕业仪式。除了到场的200名师生外，其余学生均以“云毕业”的方式，加入到毕业典礼中来。

毕业典礼采用线上与线下结合的方式同步开展，依托5G技术，对整场毕业典礼和学位授予进行线上直播。“尽管离别比以往更加匆忙，但仪式感却一分不少。让我们在云端祝福彼此，道一声‘珍重，再见’！”在参加完“云毕业”典礼后，一名毕业生这么写道。

无论是“云考场”还是“云毕业”甚至“云求职”，三大运营商都致力于将“5G+教育”的覆盖面推向纵深。目前，多所大中小学的“5G智慧校园”建设已箭在弦上，有的建立5G基站，学生们通过“刷脸”就可畅通无阻地进出图书馆、宿舍、教学楼等；有的开始全面建设智慧校园项目，使用5G进行连接，智能化管理校园基础设施；有的利用物联网、大数据产品将师生考勤、人脸识别、红外测温、视频监控、一卡通、家校互动等功能集合在一个平台进行管理和分析。

第9章 5G+交通运输业：全面打造智慧交通

交通运输行业是5G商用最成熟的垂直应用领域之一。5G技术已经在车联网、公交车、地铁、机场、火车站、码头等多个场景应用，大大方便了人们的出行。同时，依托5G技术，交通的安全性、可靠性也得到了极大的增强，5G将进一步提升行业向智能化、数字化转型。

9.1 智慧交通概述

智慧交通概念的提出是在21世纪初，是指将通信技术、网络技术、大数据技术、传感器技术、电子控制技术、自动控制理论、人工智能等先进的科学技术，综合运用于交通运输、服务控制和车辆制造中，以加强车辆、道路、使用者三者之间的联系，实现保障交通安全、提高运输效率、改善环境、节约能源的目标。

智慧交通的核心是智能交通系统（Intelligent Traffic System，ITS），该系统中的“智能”是区别于传统交通运输系统的最根本特征，广泛体现于“人”“车”“路”中。“人”“车”“路”也是该系统最基本的三个元素，如图9-1所示。“人”是指一切与交通运输系统有关的人，包括交通管理者、操作者和参与者；“车”包括各种运输方式的运载工具；“路”包括各种运输方式的道路及航线。

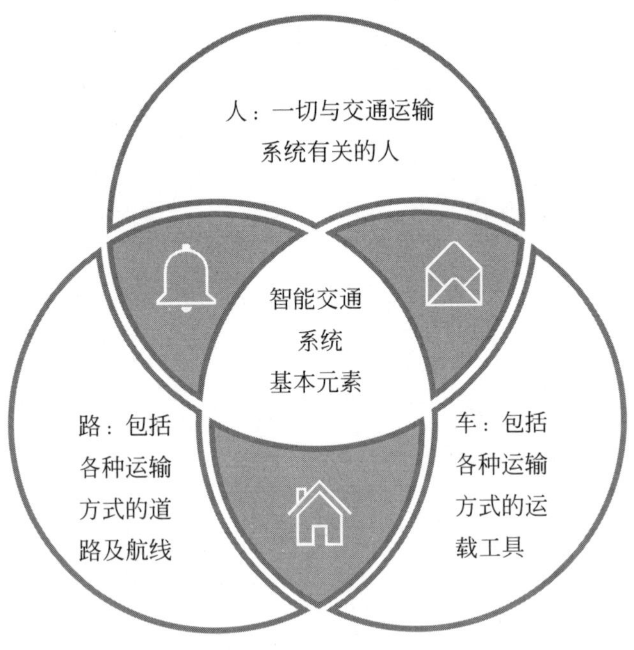

图9-1　智能交通系统的基本元素

9.2 5G与智慧交通

智慧交通的核心是现代技术在交通运输体系中的综合运用，也正是多种技术的注入，才逐步改变了传统交通的运营和管理模式。

例如，电子信息技术的应用使大数据涌现，通过对数据的搜集和分析，交通的面貌将出现重大革新，交通运行管理优化、面向车辆和出行者的智慧化服务等各方面，将为公众提供更加迅捷、高效、绿色、安全的出行环境，创造更美好的生活。

再如，物联网、云计算等技术的应用，不仅给智慧交通注入新的技术内涵，也对智慧交通系统的发展和理念产生巨大影响。

5G作为一种新技术，将深刻影响交通运输领域。智慧交通架构融合了万物互联的新型组态，是一种高阶全感知的交互模式，能最大限度地满足不同时段的功能请求、方位监测等各类型应用场景。

2020年，浙江舟山跨海大桥已经安装了5G全景的特写摄像机，利用5G通信信道将图像实时上传到管理终端，管理人员从屏幕上可以清晰地看到驾驶人员的面部表情。因为5G低时延的特点，浙江舟山跨海大桥的监测图像没有一点延迟，全部都是实时图像，传输质量十分高。

5G让道路视频监管成为现实，通过监视道路上车辆行驶情况，不但可以提高工作人员的工作效率，还可以减少事故发生。这只是5G与智慧交通相结合的一个典型应用，除此之外还有很多，具体可以总结为以下四个，如图9-2所示。

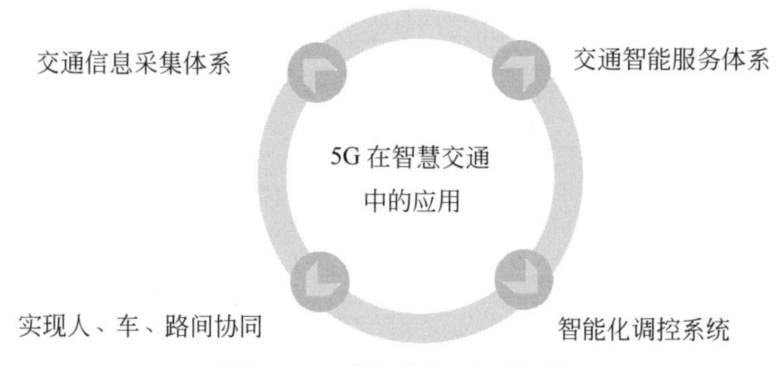

图9-2　5G在智慧交通中的应用

（1）交通信息采集体系

在对交通的管理上，信息的采集和分析是非常重要的一部分，这是交通应急联动和安全保障的基础。而5G超高的数据传输速率可为这部分工作提供强大的技术支持。

基于5G网络而建立的信息采集体系，是研发智慧行车信息服务平台APP的基础。利用其可实时监测车流量、车流平均速度、拥堵状况、目的地停车场等。同时，还可以将信息送至用户手机终端与车载互联系统终端，以便用户根据需要查看实时监控图像，在车内即可掌握一手信息。

（2）交通智能服务体系

综合性交通智能服务体系，可以结合车辆识别、货车计重、路径识别、移动支付等技术手段，建设基于物联网的电子不停车收费系统，实现自由流收费方式，打造基于车联网的车路协同服务系统。

5G在交通智能服务体系的作用是通过5G移动运营商提供的特定基站，为道路使用者提供交通信息，保证公众安全出行。

（3）智能化调控系统

5G利用车辆识别、地磁感应、高清监视、气象监测等多源采集，依托视频分析技术，可以对交通运行状态中的情况进行精准感知，并进行智能化调控。

例如，对拥堵、违停、雨雾湿滑、火灾事故等道路异常、交通事件进行动态监控。这些信息将发送给当地车辆指挥系统，并发出预警，引导车辆提前变道或择路绕行，使司机的出车运行更加安全，更加高效。

（4）实现人、车、路间协同

5G通过多项技术可以实现人、车、路协同控制。在汽车上搭载各类传感器，这些传感器可对车辆进行识别、定位、超温检测提示等，实时监测车辆的运行状态，然后对司机定时发布禁止疲劳驾驶、强制车辆降温的提醒。

山东滨莱高速公路于2020年已经实现了5G网络全覆盖，实现了人、车、路协同。测试期间，参加测试的车辆实现对滨莱高速公路周围环境的360° 全方位感知，以及人、车、路信息的实时共享，高速公路、高速公路上的车辆、整个高速公路上的控制设备等都可以实现相互连接。

同时，还可以扫描路边的停车位，并将数据传到云端，然后再由云端分发给所有汽车，从而帮助解决停车难题。

这些传感器还有助于无人驾驶汽车的落地。车辆在行驶过程中，通过搭载智能摄像头顺便采集车道线、道路指示牌等关键信息，生成高精地图。无人驾驶汽车有了这套地图，能够实时获得外部路况信息，或是接收由后台传输的高精地图并实现自定位，从而加速无人驾驶汽车的量产落地进程。

5G在智慧交通中的总体发展思路是，通过在交通运输环境中的运用来加强路网通道的协同性，从而达到安全高效的优化目的；通过载运工具智能化，实现基于移动互联的综合交通智能化服务。

5G网络与智慧交通的发展与运营相互促进、相互支撑，智慧交通能够深化5G网络的发展，而5G网络的不断发展又在较大程度上推进智慧交通的不断完善，使其在后续的发展中拥有更多元化的发展形式与更先进的技术指标。智慧交通在发展的过程中不断地扩大运营规模，将人力、资源、网络等不断融合，最终达成5G网络与智慧交通的创新发展。

9.3 5G在交通运输业中的应用场景

9.3.1　应用场景1：公交车、地铁

随着5G商用牌照的陆续发放，很多城市迎来5G网络建设，不仅是互联网自身的建设，还包括公交车、地铁、城铁等多个场景，进一步推动物联网技术在交通运输中的应用。5G运用于交通运输后，既可以使各条运输线更安全、更便捷、更高效，还可以在运行、服务和监管各链条上实现数字化和智能化。

公交是5G在智慧交通中最成功的应用场景之一，利用其超大带宽、超低时延、海量连接的特性，孵化出更完整、更广泛的生态系统。很多城市已经构建起一套以5G技术为基础的公交智能系统，实现了真正的智慧交通，给大众带来了便捷、安心、舒适的服务。

2019年4月，成都公交集团携手中国电信成都分公司打造了全国首

个5G智慧公交综合体，位于成都金沙公交枢纽，实现了站台的5G网络全覆盖，并开设5G市民体验区；同时建成了全国首个5G智慧公交管理调度系统，已实现5G+AI公交客流量实时统计、行为识别预警两大功能。

第一，公交客流量实时统计

该功能可以根据设定时间间隔，实时记录站台乘客数量，并通过5G网络上传至平台，通过设定上下车边界和判定规则，统计一定时间段在站台划定区域的乘客数，及时分析上下车人流逆差，有效支撑后台调度人员快速决策进出站的公交调度，提高发车计划表制作效率，实现智能调度。

第二，行为识别预警

该功能可实时展示站台区域候车乘客，并第一时间识别在公交车道上行走和翻越栏杆等危险行为，快速发出告警，便于执勤人员及时提醒乘客，保证广大乘客的出行安全。

公交车、地铁等是智慧城市不可或缺的一部分，是上班族、旅游人群、无陪伴儿童上学放学等出行的首要选择。在5G技术的加持下，智慧公交洋溢着十足的科技范儿，运行效率得以提升，运行安全更加有保障，乘客出行体验更好，推动公共交通工具向智能化、网联化、数字化方向转型升级和发展。

深圳地铁运营公司利用5G网络，完成了城轨列车车载视频与车载监测数据回传和存储。以往城轨运营公司，大量视频录像存储于车载存储系统，视频需人工上传复制，因接口速率低，复制时间很长。通过5G网络，利用列车短暂的停站时间，只需要150s便可完成25GB车载视频与车载监测数据的回传和落地存储。

基于5G的大数据技术在城市轨道交通中有非常广阔的应用，尤其是在地铁中的应用。地铁对自动化、智能化的要求非常高，没有海量的数据支持就无法高效运行。地铁对大数据技术有较大的需求，随着5G时代的来临，地铁交通运营数据量将会爆发性增长，大数据应用前景广阔。

地铁中大数据分析的优势具体如表9-1所列。

表9-1　地铁中大数据分析的优势

数据类型	数据用途
客流大数据	通过客流大数据预测进行实时客流监控，实现站内分区疏散、站外潜在乘客引导换乘等，提升乘客体验感，提高应急事件处理效率
列车运行控制数据	包括列车运行控制系统数据、列车控制管理数据及紧急文本数据，分析这部分数据用于保障列车的安全运行
数据路径统计	通过数据路径统计，分析乘客出行时间，提前预约打车，实现地铁、出租车、公交等无缝接驳
电子围栏、用户画像	通过电子围栏、用户画像，实现地铁商业精准营销，提升溢价能力

大数据分析只是5G在地铁中应用的一个方面，除此之外还有很多应用，具体如下。

（1）可视化语音

可视化语音可实现列车与地面之间的视频调度通信，当车内乘客有紧急事情时，通过紧急呼叫功能就可以与调度员通话，调度员可清晰地看到乘客画面。

（2）定位技术

定位技术可以准确掌握工作人员实时位置，实现突发事件时人员定位追踪，现场情况的快速跟进成为应急工作的要点。尤其是在地铁站内的工作人员较多的站点，这项技术更为重要，对提升轨道交通运营服务质量具有重要意义。

（3）设备管理

5G技术可以对地铁重要设备、物资进行管理，让设备、物资管理更加科学有序。包括对地铁站内的重要设备或物资进行实时定位，随时查看设备的移动轨迹、各类设备的数量，实现紧急情况设备快速查找、资产清查盘点等。

（4）轨道交通通信

轨道交通使用了5G网络，数据可以应用5G毫米波进行传输，在非常短的时间内做到地铁车载数据的双向传输。

2019年在深圳地铁11号线进行了5G车地通信技术试验，2019年之前传输25GB的车载数据需要90min，通过人工复制的方式，现在只需要2.5min，而且还是自动传输。5G出现后，轨道交通的工作效率和方式会发生变化。

9.3.2　应用场景2：铁路

如果说公交车、地铁是城市的毛细血管，那么铁路就是连接城市与城市之间的交通大动脉。铁路在交通运输中的重要地位，决定了其必将是5G新技术重点布局领域。

近些年来，铁路新技术、新服务的不断涌现，让人们的出行方式有了翻天覆地的变化。更为便捷的候补购票功能，全面覆盖的电子票“刷脸”进站，以及铁路、航空部门联手数据互通，使旅客告别了车票开售时的漫长等待与抢购，免去了换取车票的环节，实现了铁路航空的无缝对接，持续为旅客提供着更优质的服务，让旅客享受着更加便利、舒适的出行。

5G推出后，铁路企业与中国移动通信集团、中兴通讯股份有限公司强强联合，打造“点-线-面”的多维覆盖立体无缝5G网络，积极打造5G铁路新生态。

京张高铁是一条连接北京市和河北省张家口市的城际铁路，列车运营速度为350km/h、线路全长174km，也是2022年北京冬奥会重要交通保障设施。这条铁路是我国首条智能化高速铁路，采用自主研发的北斗卫星导航系统，使用了诸多以5G为基础的新技术，全线覆盖5G网络，让乘客不会再受到网络卡顿现象的困扰，微信语音视频聊天、视频播放等都能够流畅进行。

另外，还有自动驾驶、智能调度指挥、故障智能诊断等功能，极大提升了列车运行的安全系数，使乘客出行更加安心、放心。

5G技术在铁路建设中的运用除了提升内部功能外，还有一个重要场景就是打造5G火车站。火车站是铁路建设的主要组成部分，直接决定着铁路公司的管理成效和乘客的乘车体验。因此，当5G运用到铁路建设中，首先是打造5G火车站。

5G火车站是智能铁路建设的第一步，也是铁路发展的一大进步，将带来广阔的经济发展前景，它将为铁路旅行创造新的乘客体验，并使铁路在新时代更具竞争力。

我国首个5G火车站是上海虹桥火车站，于2019年2月18日启动5G建设。该火车站的5G建设是基于华为的5G室内数字系统（DIS）技术，完成5G网络深度覆盖，以信息基础设施为支撑，推动火车站进一步向智慧火车站转型。

上海虹桥火车站是全国最大的火车站之一，客流量达到日均20万人次。建成后将首次使用5G技术展示4K高清回传（安检），并为乘客提供高清视频通话。目前，在车站5G体验区可以看到许多方方正正的小盒子，它们是5G室内小基站。这些5G室内小基站能够均匀辐射5G信号，适用于人流量大、室内结构不规则的火车站，而且安装十分便捷。

5G网络可为乘客提供众多便捷网络服务和终端设备，让乘客在等车时可以获得高质量的娱乐体验，以及更好的旅行体验。车联网将车站内的服务机器人连接起来，为乘客提供车站内更准确的导航，确保车站内所有数据的及时性和低延迟，使车站实现更准确的流量密度控制，并通过5G深刻改善乘客乘坐体验，造福公众。

在移动互联网时代，用户对高速、可靠网络的需求越来越大。随着5G时代的到来，如何更好地利用5G网络满足超高人流密度产生的电话、上网、移动支付等网络需求？5G火车站是铁路公司为乘客考虑的一个体现，这反映了国企的社会责任和实际行动。

9.3.3　应用场景3：机场

机场作为城市重要的综合交通枢纽，是5G应用的另一个场景。5G具有“大带宽、海量连接、低时延”的技术特点，其“切片”技术可满足网络安全要求，为机场旅客和员工提供更高效、更便捷的服务，从而提升机场的运行和管理效率。

2019年5月16日，无锡苏南国际机场集团有限公司、无锡移动公司

在苏南硕放机场航站楼召开5G战略合作签约发布会，宣布加强合作助力5G“智慧机场”建设，打造江苏省首个采用5G室内分布技术覆盖的国际机场，建成省内较大规模的5G交通枢纽室分网络。

苏南硕放机场、无锡移动将共同推进5G智慧机场建设，积极探索5G技术在智慧调度、智慧跑道、智慧安检、旅客服务等方面的应用，为旅客带来更智能、更便捷的出行体验。

除了无锡苏南硕放机场之外，深圳宝安国际机场、上海浦东国际机场、北京大兴国际机场、广州白云国际机场等已经做到了全面覆盖5G网络，在这些地方人们都可以使用5G网络及5G的相关应用。

北京大兴国际机场正式运营以来成为一大旅游景点，前去参观的人络绎不绝。其魅力不仅来自堪称奇迹的建筑设计，更源于机场里满满的“黑科技”。

2019年9月26日，中国联通、东航与华为公司在北京大兴国际机场正式发布最新研发成果——智慧出行集成服务系统。该系统综合运用“5G+AI”最新科技，重新定义航空服务智能化、场景化、便捷化新标准，为旅客带来前所未有的智慧出行新体验。该系统的推出也是中国联通助力北京大兴国际机场打造新国门、新形象的一项重要举措。

中国联通一直以高标准、高要求建设北京大兴国际机场，采用了包含宏基站、微分布、数字化室分等多种手段的综合覆盖方案，实现新机场航站楼、指廊区、飞行区、航空公司基地等区域的全方位覆盖。

同时，中国联通还采用了多种新技术、新模式，保障了机场5G网络的高标准、高质量、高速度覆盖建设。目前已在机场建设室外站点80余个，室内覆盖点位3000余个，并已完成全部站点的建设开通工作，实测速率超过1.2Gb/s，可以为机场旅客提供极致的5G体验。

5G在机场智慧转型过程中发挥了重要作用，应用在多个场景中，包含调度、跑道、安检、物流、旅客服务等，具体如图9-3所示。

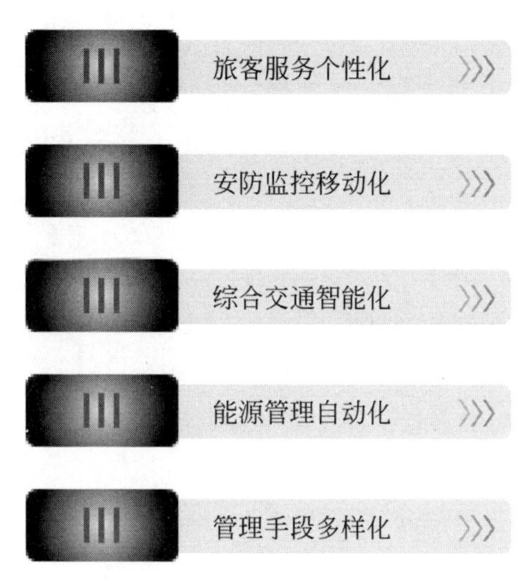

图9-3　5G在机场智慧转型过程中的作用

（1）旅客服务个性化

机场通过5G网络的全覆盖，依靠5G网络海量连接满足人员密集、流量大的网络传输需求，实现对航班的保障及航空公司和旅客的个性化信息服务。通过5G网络主动、智能、及时地向用户推送所需的信息，提供个性化、定制化应用。推动5G+机器人的大规模应用，为旅客提供更优质、便捷的服务，提升旅客的服务体验。

（2）安防监控移动化

机场安防系统涉及面广、监控对象多、业务场景复杂。在机场安防系统建设过程中，充分利用5G网络，满足了无线监控视频系统在机场的大规模安装和使用，突破了有线网络无法达到或布线成本过高的限制，使无线视频监控成为有线监控的重要补充而广泛使用，提升了现场移动监控和应急处置指挥的可视化能力，加强了机场应急指挥调度的高效性、便捷性。

（3）综合交通智能化

5G拥有超高速率、超低时延、海量连接三大法宝。利用5G移动技术，可以方便、快捷地采集和整合机场大巴、出租车、地铁、公交车和飞机等不同交通工具的信息，实现对交通的移动实时监控和实时跟踪等，提供全方位、多渠道的信息发布和共享方式。

（4）能源管理自动化

5G网络通过对数据的采集、处理和分析应用，将电流、信息流、业务流紧密结合，达到智能运营的目的，同时推动万物互联、24小时监测、无人巡检等应用的落地。

（5）管理手段多样化

5G时代，随时随地可以开视频会议，指令下达与信息反馈更加顺畅，沟通效率逐步提升；通过引入可移动机器人取代人力进行简单重复的工作，降低人力成本；实现远程控制和智能管理，降低运营成本。

9.3.4 应用场景4：港口码头

随着"一带一路"的落实，近几年我国的港口建设发展很快。但在智慧港口的建设上还有较大的提升空间，基于5G的各种技术可以提升港口的工作效率、港口园区管理效率和安全性，提升港口与船舶、货物运输的协同性。

智慧港口利用5G网络，以及视频监控、AR智能眼镜、智能巡检机器人、无人机等监测设备，实现对龙门吊的安全监控、远程操控，将船联网数据回传至港口管理平台，完善港口园区交通管理与安全监控。

天津港是我国历史最悠久的港口之一，2001年成为我国北方第一个亿吨大港，2018年，港口货物吞吐量世界排名第九。

2018年8月起，中兴通讯联合天津联通、主线科技在天津港集装箱码头建设商用化5G网络与MEC边缘云系统，共部署5G宏基站9个（3.5GHz），以及1套MEC边缘计算服务平台，为港口提供满足智能化需求的5G准专网环境。至2019年11月，已实现5G在港口自动驾驶、岸桥远控、海关分流、移动监管等方面的应用示范，并逐步将港口传统专网业务切换为5G网络，同步开展港口应用场景下的5G网络稳定性、可靠性、安全性验证和优化，进行港口5G商用模式探索。

5G网络在天津港的成功部署，为港口业务的带宽、时延、安全性保障等方面带来飞跃式的提升，并促进港口智能化设备与5G技术进一步结合，从而对港口应用系统产生了革命性影响。

可见，5G在港口数字化、信息化过程中发挥着重要作用。那么，5G技术如何应用到港口建设中呢？三大运营商透露，将根据5G特性升级港口应用，转型生产5G嵌入式产品，从源头推动5G产业链的发展。

目前，投入港口应用的5G产品有远程操控应用、无人集卡、智能重卡。

（1）远程操控应用

以往传统的岸桥调试模式，需要工程师亲自爬到岸桥上，同一时间只能调试一台岸桥。而通过将港口5G网络（上行带宽100Mb/s、时延低于20ms）与港口岸桥设备进行业务连接，取代了传统光纤传输方式（时延约60ms），成功实践了岸桥远程操控应用。

（2）无人集卡

码头作业中需要大量的岸边装卸工人和水平运输司机，由于外场作业多，工作环境差，且存在一定的安全风险，“苦、脏、累、险”的工作日常，使得码头的劳动力常常“青黄不接”，出现招工难的问题。降本增效、进行自动化改造成为港口的共同诉求，这也为集卡的自动驾驶技术产品提供了极大的发展空间。

无人集卡采用了“无驾驶舱”设计，车辆构成仅为“底盘+传感器”，通过激光雷达、摄像头、GPS等多传感器融合方案，无须人为控制，集卡可以自主分析周边的复杂环境、高度动态变化的场景，并对此做出相应反应。

集卡拥有高精度定位与多重安全冗余技术，可实现灵敏避障、智能跟车、智能停车等功能，实现无人集卡的安全、顺畅运行。

（3）智能重卡

在上海洋山深水港，5G智能重卡与港区其他智能化设备一起，在复杂的作业环境下完美协作，很短的时间内就完成了货物装卸，并迅速开启自动驾驶，自主规划最优路线，精准移动到指定地点。

5G智能重卡综合应用了激光雷达、机器视觉、高精地图、5G-V2X车联通信等先进技术，打通了从电控底盘、发动机到智能驾驶系统的完整控制闭环。5G技术的低时延控制、大带宽监控、高可靠连接，通过实时监控、高精度定位、编组队列行驶等应用，提升港口码头在物流运输、安全监控等方面的运营效率，增强上海洋山港集装箱吞吐能力，对巩固提升上海港国际枢纽港地位发挥了重要的作用。

基于5G技术的智慧港口应用，可以降低安全风险和码头人工成本，实现港口工作由劳动密集型向自动化、智能化、无人化方向全面升级转型。

9.3.5 未来应用场景：无人驾驶

不需要时刻紧握方向盘，不用眼观六路、耳听八方，即使新手司机也可安全驾驶，这就是5G时代的无人驾驶。过去所谓的无人驾驶汽车主要是通过AI进行数据搜集和智能分析，但是路况信息瞬息万变，没有足够快速的反应，很难保证驾驶的安全性。

上汽集团利用C-V2X（包含现阶段4G和未来5G）网络，实现近距/超车告警、前车透视、十字路口预警、交通灯预警、行人预警、交叉路口碰撞避免提醒、十字路口车速引导、交通灯信息下发、绿波带、“最后一公里”等智能出行应用。

长城汽车在雄安新区利用5G网络远程控制20km以外的车辆，精准完成了起步、加速、刹车、转向等动作。测试人员通过车辆模拟控制器和5G网络，向长城试验车下发操作指令，网络时延能够保持在6ms以内，仅为现有4G网络的十分之一。

5G时代是信息技术飞跃的时代，更是让想象落地成为现实的时代。5G时代，车联网发展取得重要突破，无人驾驶将成为现实。

5G时代，低时延、高可靠性、超高速率和大容量的网络，将让无人驾驶汽车“看得清楚”“快速反应”，并增强无人驾驶感知、决策和执行三个层面的能力，实现车与路、人等万物互联。

在5G网络不断覆盖、商用进程逐渐加快的过程中，无人驾驶也一直在进行新的尝试和突破。

在2019年的重庆智博会上，全国首个基于5G的L4级自动驾驶开放道路场景示范运营基地正式对外开放，参观者能够实地感受5G远程驾驶的神奇。此外，多地也开始进行5G+无人驾驶公共测试。中国电信江苏苏州分公司联合5G产业链合作伙伴，在公共测试道路区域内建成14个5G基站，实现5G信号及电子警察等智能交通设备的全覆盖。在5G通信环境下，该区域可与无人驾驶车辆实现多模式通信，完成定位、路径规划辅助感知功能及导航等。

此外，基于5G网络低时延、高速率的优势，智能交通设备还能根据道路流量调整红绿灯时长，及时发出信息提醒无人车辆避险等。

2019年博鳌亚洲论坛年会上，在博鳌乐城智能网联汽车及5G应用试点项目展示现场，参会嘉宾与媒体轮流乘坐智能网联汽车，体验“前方急弯提醒”“道路施工提醒”“红绿灯车速引导”等应用场景，感受无人驾驶的乐趣。

案例9-12

2019年，中智行公开测试旗下无人驾驶汽车。经过中智行无人驾驶系统的改装，车辆可以实现200m以上的探测距离，能够对行人、车辆、障碍物、交通信号灯和指示牌做出相应反应。同时，它还能预测周围物体的下一步行为轨迹。配备误差小于2cm的高精度地图，从传感器发现行人到做出刹车响应，仅需0.2s。

案例9-13

在众多实验测试的基础上，更多的无人驾驶项目落地。2020年5月8日，海南首个“5G+无人驾驶车”体验项目在保亭呀诺达雨林文化旅游区正式投入运营。此次试运行的“5G+无人驾驶车”，可实现景区游客在固定线路、站点之间的无人驾驶接驳。

在综合考虑安全运行、乘坐体验的基础上，该项目将为游客带来更多的科技感与体验感。试运营期结束后，游客还可通过基于车内的5G AR技术，在车上提前“身临其境”了解景区的概况和特色。

借助5G高速网络，联通智网开发的车辆运营监控系统可实时采集车内外高清视频和车辆运行的状态信息，景区工作人员可在监控中心利用该系统远程实时监控车辆运行状态并采取相应措施。

随着5G+无人驾驶实验测试纷纷开启，体验项目落地实践，车联网技术不断发展完善，“不会开车”的人即将被科技拯救。5G加持让自动远程驾驶已经来到我们身边，真正的无人驾驶相信已经不会太远。

第10章 5G+新媒体：驱动产业升级转型

5G对媒体行业的影响非常大，无论是新媒体还是传统媒体都意识到了5G的重要性，纷纷与5G运营商合作，在信息采集、编辑、制作、存储、分发等多个环节嵌入5G技术。同时5G将大幅加速传媒产业转型升级，带领媒体进入“新体验、新效率、新商业”的三新时代。

10.1 5G与媒体转型

10.1.1 媒体是5G重点拓展领域

传媒产业是5G建设过程中，率先发力并带动新一代技术加快落地的重要领域之一。在5G技术尚处于实验和测试阶段时，国外媒体行业就开始对5G技术的应用进行了尝试。

纽约时报建立了5G新闻实验室，对如何根据时空数据为用户提供交互性、沉浸性的3D新闻影像进行探索；BBC等新闻机构也进行了5G新闻直播等方面的尝试。

在国内，人民日报、新华社、中央广播电视总台等媒体机构也成为5G试验和建设初期的积极参与者。

2020年12月8日，中央广播电视总台与中国移动进行了战略合作，利用中国移动提供的5G网络服务，进行国际顶级体育赛事转播、超高清内容生产。同时，联合打造5G超高清视音频传播中心，依托5G网络、4K/8K超高清、AI等技术，推动电视广播制播能力与内容数字化的转型，升级5G沉浸式媒体数字内容体验。

中央广播电视总台作为规模大、业务形态多、覆盖范围广的主流媒体，拥有海量版权储备和强大的原创内容生产能力。与中国移动的合作，实现了从传统广播电视媒体向原创视音频制作发布的全媒体机构转变，从传统节目制播模式向深化内容生产供给侧结构性改革转变，从传统技术布局向“5G+4K/8K+AI”战略格局转变。

5G在媒体行业的应用尚处在初级阶段，主要局限于媒体融入和视频化，这两方面的应用会在后面详细讲到。5G大范围普及，对媒体行业的整个链条都将是重大颠覆和深度创新，主要体现在媒介、终端、屏幕和内容上，如图10-1所示。

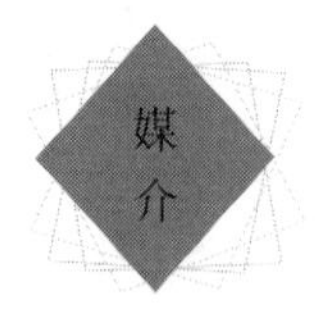

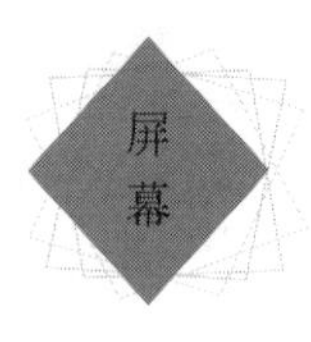

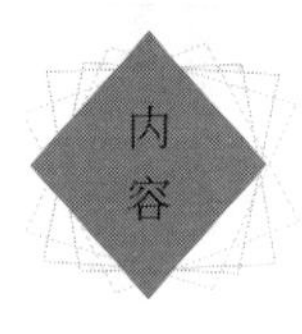

图10-1　5G对媒体业的4个颠覆

（1）媒介

媒介是媒体的主要组成元素，媒体核心价值就在于能够承载和传播信息，而承载和传播信息离不开媒介。

每次技术革新都会带来媒介形态的变化。造纸技术让纸张成为传播媒介，广播电视技术让广播电视成为传播媒介，通信技术使手机成为传播媒介……当5G技术运用到媒体之后，万物互联环境下的所有节点都成了媒介，如汽车、冰箱、手表、桌面、墙壁、玻璃等。

（2）终端

终端是信息输出的保证，任何一种媒体信息最终能呈现在用户眼前，靠的就是终端。终端随着媒体形式的转变，也在不断转变，从纸张到广播电视到电脑再到手机。4G时代智能手机是超级终端，5G时代终端范围大大拓展，如5G智能手机、智能眼镜等。

随着5G技术的普及，5G媒体终端在未来肯定不局限于这些，一些越来越轻便、灵活的设备会逐渐出现在大众眼前，甚至颠覆常人的想象。

（3）屏幕

5G时代是“屏”的世界：电视是屏幕，手机是屏幕，电脑是屏幕，户外是屏幕，汽车是屏幕，书籍是屏幕。端和屏是5G时代的交互界面，在5G时代一切接入物联网的终端设备都有可能是屏幕。

屏有分屏和跨屏之分，前者意味着不同的场景需求，后者意味着在不同的场景之间进行切换的需求，这也是打通一个用户多个屏幕的关键问题。

（4）内容

媒体传统的内容包括新闻、综艺和影视剧等，5G媒体的内容不再局限于这些特定形式，而是更加丰富多彩。5G技术下的泛连接、大带宽、高速率、低时延等特征，赋予我们每个人将任何现实场景中的信息转变为媒体内容的可能性，可以高效地生产、加工和传播内容。5G媒体内容的界限更加模糊，每个人都可以是一个台、一个圈和一个网，娱乐没有圈、电视没有台、互联没有网，这也是5G媒体内容与以往媒体内容最显著的区别。

10.1.2　5G媒体的“新”特点

5G技术引入媒体后呈现出很多新特征，这些特征也决定了5G时代的媒体将能更迎合大众的需求。5G媒体的“新”特点主要有五个，具体如图10-2所示。

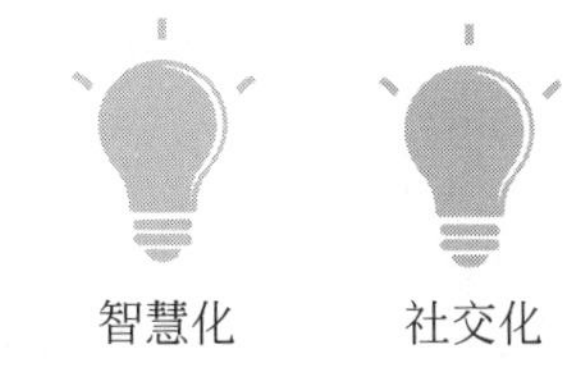

图10-2　5G媒体的“新”特点

（1）融合化

5G可以提供更高水平的信息采集、传输和处理能力，使媒体融合达到新高度。再加上AI、物联网、新型显示等技术的加持、融合创新，媒体将进入一个“人→机→物”高度融合的良性循环。媒体人在媒体运营中可以全方位依赖“机器”的助力，获取丰富、海量的数据，生产、加工更多高质量的内容，从而使信息与用户需求高度匹配，最终用主流价值观实现对用户细分服务和精准价值的影响。

（2）视频化

5G目前在媒体传播领域应用最广泛、最成熟的就是网络视频。媒体的视频化发展可以为5G新服务的普及起到重要的牵引作用。

“内容视频化”已成为全球传媒产业的共识，传统媒体和新媒体都在积极布局超高清视频直播业务和立体视频展示服务，这将成为未来媒体行业的基础业务。4G等现有网络无法有效满足媒体开展超高清、强互动的新视频服务需求，这为5G网络的发展提供了直接、有效的拉动力。

（3）数据化

媒体的数据化发展趋势和5G的万物互联特性能形成很好的匹配。5G的引入让各行各业都开始进入数字化转型阶段，新媒体也使用了与5G相关的很多技术，例如大数据、AI等。利用这些技术，新媒体可以实现语音识别、智能推荐、人机协同等应用，这些应用可以在新媒体中实现内容的收集、生产、分发、接收和反馈。

（4）智慧化

5G海量连接的特性为媒体进入“万物互联”时代奠定了基础。媒体借助5G技术不仅可以实现更高效的人与物之间的连接，也将首次进入物与物连接的领域。5G时代的媒体凭借高效的端到端数据化运营和智能化服务手段，可以大步向“万物皆媒”的目标迈进，同时为5G海量连接特性的发挥提供重要应用场景。

（5）社交化

社交化是5G新技术的核心特征，社交化的媒体也更能体现5G新技术进行双向交流的功能，是新时代媒体发展的力量源泉、不竭动力。在5G时代，社交促进信息的流通以及媒体与受众的互动，是不可或缺的一种增强网络双向交流的方式。

传统媒体作为主要的信息传播载体，其目的就是实现信息的单方面传播，并不能实现双向互动。在5G时代，信息传播所具有的即时性以及互动性，成为了5G的标签，让受众也可以成为传播信息的主体。这开创了5G所特有的“相互交流”新格局，使得网络传播的话语权得到了重新分配，受众评判以及评价信息内容的话语权也得到了大大的提高，每位用户的角色也在其中来回切换。

因此，每个人都可以是信息的传播者，与此同时，每个人也都可以成为信息的享用者，5G这种双向交流的特性逐渐成为媒体行业竞争力的表现。

5G给媒体带来的改变

对于传统媒体，5G的到来无疑是一轮新的机会。4G时代的传统媒体，受传播方式等影响，主要以图片+文字的形式传播。近年来传统媒体行业总体量逐年下降，与四大传统媒体不同，新媒体作为互联网时代、大数据时代下的产物——第五媒体，其总体量逐年上升，4G技术带动新媒体行业的用户体验进一步提升，传播方式以视频、直播等具有高互动性的方式为主。

5G会给媒体带来巨大的机遇和挑战，传统媒体将面临转型或淘汰。在经历新媒体的冲击之后，一些报社、杂志社的经营举步维艰，广播电视的收视率也不断下降。毫无疑问，5G冲击力会更大。5G下的新媒体无疑是内容和技术的完美结合，可以为内容呈现提供更新颖、丰富的形式。通过超高清视频、沉浸式的VR/AR体验等技术，必定会让新媒体获得革命性的发展。

目前，媒体机构已经开展的融合实践，主要集中在三个方面：

一是传统媒体和新媒体渠道的联动和组合传播，如国内广电部门积极构建的大屏和手机联动的视频播出体系，以内容和热点IP为核心，通过多渠道的同品质融合联动达到最大化的传播效果，初步形成全景化的传播形态。

二是逐步改变传统的线性媒体生产模式，向以生产和管理平台为核心支撑的新思路转变，如很多媒体机构目前将融媒体云平台作为整个生产过程的核心，通过平台实现传播效果导向、目标受众优先和资源全局化组织的目标。

三是通过传输能力、数据运营能力和数字加工能力的增强，在平台支持下推动内容生产从计划导向、创作导向向受众需求转变。

在上述各项工作中，5G技术的引入可为核心平台的构建和数据运营、数字处理、自动化、端到端同步等各项功能的增强提供高效的新承载基础，为媒体机构形成全要素融合的强大供给能力提供新的保障。

5G新技术在媒体中的应用

10.3.1 高清视频

内容视频化已成为全球传媒产业的共识，传统媒体和新媒体都在积极布局超高清视频直播业务和立体视频展示服务，这将成为未来媒体行业的基础业务。4G等现有网络无法有效满足媒体开展超高清、强互动的新视频服务需求，为5G网络的发展提供了最直接、最有效的拉动力。

超高清视频是指视频内容具有4K、8K的超高清分辨率，和过去的2K相比，4K、8K有着更高的分辨率、更高的帧率、更高的色深、更高的色域和更高的动态范围。其在画面上更加清晰，场景上不仅有画面感，还有立体感和空间感，带给用户更好的观看体验。帧率的提高可以让影像更加细腻、流畅。更高的色深和色域可以让画面的色彩效果更好，更高的动态范围可以保护画面的运动轨迹，运动的画面会十分流畅和稳定。技术标准的提高会彻底改变观众的体验，在视听方面会有更好的体验。

在分辨率上，4K超高清是高清的4倍，8K超高清是高清的16倍，清晰度上，4K超高清是高清的2倍，8K超高清是高清的4倍。

超高清技术极大地扩大了观众观看视频的视野角度。按照人眼的生理特性分析，观看电视时距离电视的标准距离是屏幕高度的3倍，如果距离比标准观看距离近，那么所看到的画面会变得粗糙。相较于2K，4K超高清电视的标准观看距离是屏幕高度的1.5倍，8K超高清视频的标准观看距离是屏幕高度的0.75倍。

高清电视的色域覆盖率为33.2%，超高清的色域覆盖率为57.3%，色域覆盖率的提高会进一步提升画面色彩的清晰度。超高清的三维立体声具有沉浸感、个性化、一致性，不仅可以在水平面定位，还可定位垂直面的任何一个位置，声场的包围感进一步加强。

在媒体行业，超高清视频的起步较晚，在5G落地之后，政策上一直推动产业快速发展。近些年，我国的视频产业发展经历了四个阶段，即发展期、成熟期、爆发期、超视频时期。经过这些阶段，视频技术实现了从模拟到数字标清再到数字高清的转化。2020年，我国视频产业向超高清视频发展。

虽然我国高清视频发展较晚，但是市场空间大，产业基础坚实，再加上政府政策的支持，高清视频的发展十分迅速，如图10-3所示。

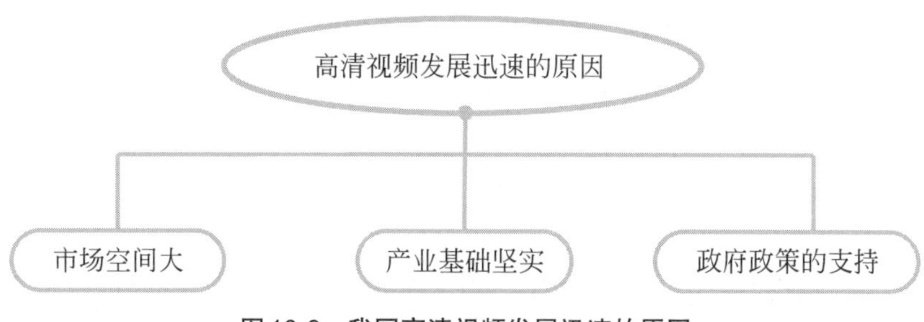

图10-3　我国高清视频发展迅速的原因

随着5G落地，超高清视频的应用更加广泛。首先可以用于远程医疗，医学专家即使和患者在不同地方，也能根据医学经验知识进行远程会诊，通过8K摄像机可以收集到患者的超高清视频，通过5G网络传输之后，8K播放器对直播的视频可以进行实时的解码和渲染，通过远程诊疗平台可以进行交流，执行疾病的治疗方案。

对于工业制造领域来讲，8K超高清视频能够给精密制造创造基础条件。对于教育领域来讲，8K超高清视频可以把教学材料清晰地呈现在屏幕上，利用投影等设备可以进行远程教学。

目前，超高清视频对普通民众来说价格不是十分合适，所以普及量距离预期还有很长一段路要走。同样，超高清视频的发展并不成熟，商业模式和内容的展示方法还有很大的提升空间，而且在发展的过程中还有遇到风险的可能，有一些性能还需要改进，工业级超高清视频应用场景的嵌入度还很低，距离形成广泛的行业覆盖还有很长一段时间。

因为疫情的原因和技术所限，超高清技术的研发和应用进度较慢，资金的投入也很大，早期的大量投资让许多公司的资金运转产生困难，企业的运营也越来越有压力。

虽然有5G助力，但是5G建设需投入太多的资金，5G建设上有些技术并不成熟，还需要努力，建设的过程中还有很多潜在的问题不可预料，每一步都需要谨慎。

10.3.2 VR技术

VR全称是Virtual Reality，中文意思是虚拟现实。这种技术通过计算机可以生成模拟环境，利用多源信息融合的交互性、三维动态视景、实体行为的系统仿真，让用户有一种身临其境的感觉。

VR技术是多种技术的融合，如仿真技术、计算机图形学、多媒体技术、语音输入输出技术、网络技术、立体声、人机接口技术、广角立体显示技术、传感技术等。根据目前的科技发展程度来看，VR技术的发展仍然具有挑战性，虽然先进，但有一定的实现难度，还需要继续研究。

VR技术主要包括模拟环境、自然技能、感知、传感设备等。其中，模拟环境是在计算机中完成的实时动态的逼真的三维立体图像。感知是在理想的状况下具备人所具备的感知。感知分为听觉、触觉、力觉、视觉、运动、嗅觉、味觉等。自然技能是计算机可以对人做出的头部转动、眼睛转动、做手势、蹦、跳等动作进行处理，整合成数据，然后做出反应。传感设备就是三维交互设备。

VR技术具有很多特性，例如感知性、存在性、交互性、自主性，如图10-4所示。

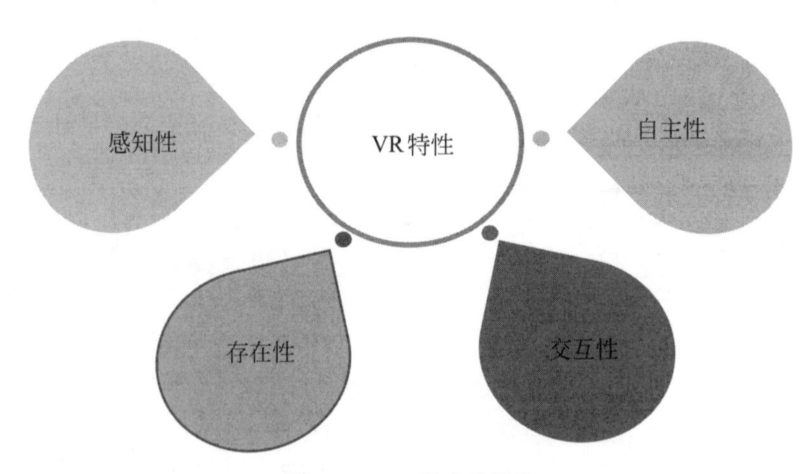

图10-4 VR技术的特性

VR的应用范围很广，例如考古、医学、应急推演、娱乐、工业仿真、军事航天、室内设计、游戏、房地产开发等。

5G的开发增加了VR的市场需求，在许多行业中的应用都增多了，扩大了VR的普及范围。2018年，VR设备销量较2017年增多400多万台，按照这个速度，VR的增长速度很快就会超过50%。

对于目前的VR产品，人只要戴上超过10min，就会有眩晕的感觉，这是VR的缺点。技术人员希望能把VR变成类似眼睛的产品，即使带上一天，也不会有任何不适感。

在5G的支持下，VR的视频跟踪、语音识别和手势感应等在时延上会进一步缩短。网络的大带宽会让VR视频采集设备走向无线化，在更大的空间范围内移动。5G可以提高VR的真实感，看到纹理和质感，再次扩大VR的应用范围，VR的构想性、沉浸感、智能性和交互性将得到增强。

目前，VR和5G还没有完全融合，5G的很多技术VR都没有应用，例如边缘计算、网络时延等，这些技术对VR的发展十分重要。与5G技术融合，新增优质内容，集设备、网络和内容为一体，VR的前景会越来越好。

10.3.3　AR技术

AR全称是Augmented Reality，中文意思是增强现实，是一种将真实世界信息和虚拟世界信息“无缝”集成的新技术。这是一种人机交互技术，可打破空间和时间、虚拟与现实的限制。

AR把原本在现实世界的一定时间、空间范围内很难体验到的实体信息（视觉信息、声音、味道、触觉等），通过电脑等科学技术，模拟仿真后再叠加，将虚拟的信息应用到真实世界，被人类感官所感知。

AR有三个特点，第一个是将虚拟和现实结合，第二个是能做到实时互动，第三个是可以3D定位，如图10-5所示。

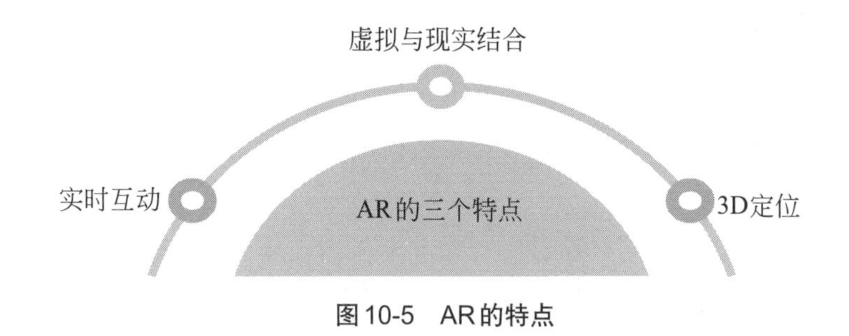

图10-5　AR的特点

自从AR技术出现在人们的视野中后，其需求量非常大，但是因为技术发展的限制，供应量并不大，除了技术的原因，拥有AR核心知识产权和标准的产品的企业屈指可数。5G的发展推动了AR技术的发展，有5G的技术做铺垫，AR的需求更加明显，研发上会更加迅速。

AR的需求量大，主要因为应用广泛。AR技术让人们即使不在其中，也感觉在其中，许多行业都需要这一技术，例如军事、医学、制造、娱乐、营销、实地考察等都会用到AR技术。

2020年之前，AR的主要应用领域是工业、商业和游戏。在普及5G的同时，AR的应用范围也会逐渐变大。AR具有十分强大的灵活性，扩大应用范围之后，其带给商家的收入也会越来越高。

5G+AR普及后，在车站负责巡查的民警可以带着AR眼镜进行人脸识别，检查是否是要抓捕的人，如有人携带违禁品，会自动弹出警示信息，并做记录，随后联系指挥中心。负责安检的工作人员只要坐在座位上，点击鼠标，摄像头就会把选中的集装箱投射在大屏幕上，设备可以自动识别出集装箱的编号、来源地、目的地、箱内所装载的货物等信息，所有信息都十分清楚地呈现出来，一目了然。

除了室内安检，室外的也可以。例如，江边停泊的船只，通过AR都可以呈现到大屏幕上，包括船舶的类型、名字、航行过的路线等数据。

AR技术在机场、车站、港口等安检的应用还需要与自动变焦辅助智能摄像头、4K全景摄像头和地面移动布控摄像头等设备结合才能完成立体化监管，做到瞬间智能通关，极大地提高安检效率，减轻安检人员的负担。

5G时代广播电视的发展建议

10.4.1 传统广播电视面临的严峻形势

5G让传统的广播电视面临着巨大的发展压力。要想进一步发展，广播电视必须与5G接轨，加快改革和升级步伐。如果传统的广播电视能够把握住这次5G带来的机遇，那么传统的广播电视将迎来新的春天。

5G面前，广播电视面临三个形势，如图10-6所示。

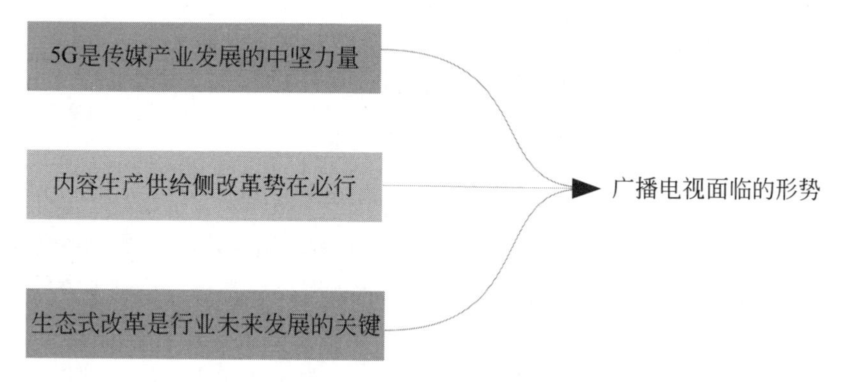

图10-6 广播电视面临的形势

（1）5G是传媒产业发展的中坚力量

5G全面普及之后，影响的是各行各业，广播电视行业也不能置身事外。5G的新技术已经融入传媒产业，是传媒产业未来发展的中坚力量。

2019年虽然是5G商用的第一年，但是5G已经逐渐走向成熟，大数据、AI、虚拟现实、增强现实、混合现实这些与5G相关的主要技术已经进入传播生态，在许多应用上创造了新的场景，在许多领域发挥出作用，其中影响最大的就是视频产品的主流化。

广播电视要紧紧抓住机遇，用积极的态度去面对5G，努力策划、有行动力，大力建设和5G相关的产业链，加速布局移动平台，将更多的注意力放在技术创新以及应用拓展上。5G技术的引入让视频、互动娱乐等相关产业发生巨大的变化，积极探索、挖掘新的内容，才能助力广播电视产生新的业态。

（2）内容生产供给侧改革势在必行

从2018年开始，媒体方面新的内容不断出现，除了电视剧、电影之外，短视频迅速发展。今日头条、微博、抖音、快手等都可以发布短视频，内容生产走向多元化，传播方向在横向和垂直两个方向不断延伸，并驾齐驱。因为这些内容深受群众的喜爱，所以媒介的使用习惯也在不断发生变化，传媒产品的生产以及分发也发生了巨大的变化。

在这种改变中，很多媒体的问题也暴露出来。媒体的内容性质发生改变，从前是供不应求，现在是供大于求，每天都有成百万上千万的短视频被发布到网上，充分满足了群众的需求。但这些内容很少是专业的人员发布出来，在发布的过程中没有对内容进行筛选，文字的专业性质、文化性质、正能量都不强，甚至有些内容是十分低俗的、低质量的、负能量的，除了能博群众一笑没有别的作用。从这里可以看出，媒体缺少有质量的、有文化性的、正能量的内容，所以内容产品的供给侧结构性调整势在必行。

（3）生态式改革是行业未来发展的关键

因为时代的发展，体制改革已经进入加速阶段，各广播电视台的首要任务是进行体制和机制的改革、升级和创新，机制和体制决定了广播电视台深化和融合发展的程度。大到中央广播电视总台和省级广播电视台，小到地方广播电视分台，都在整合人力和资源。整个行业的工作重心是全媒体内容的生产、传播、营销和搭建综合性质的平台，将电视台的工作和频道的工作精细化、集约化。

一个地方广播电视台频道播放的内容代表一个地方的文化，一个省级广播电视台频道播放的内容代表一个省的文化，一个国家级的广播电视台频道播放的内容代表一个国家的文化，每一次播放的内容要更加严格审核，甚至一句解说都不能马虎。从根本上严格，才会让整个行业焕然一新。

2019年，北京广播电视台对体育频道和上星的纪实频道进行整合和严格规范，创造了一个焕然一新的冬奥纪实卫星频道，希望借助改变能够优化传媒产品。

4G面世以来，群众对电视的依赖就越来越小，广播电视不再像从前那样备受重视和宠爱。广播电视的“失宠”完全是因为通信技术的发展。群众可以在手机、电脑上看新闻、看电视剧、看电影，中间还没有广告，在电视上看一集电视剧至少需要观看数个广告。用手机和电脑可以随时看到自己想看的视频，而电视上的节目播出的时间是固定的。这些情况虽然已经出现了很长时间，也有很多媒体人知晓，但是广播电视行业并没有采取有效的、实质性的措施来改变、解决。

近些年，因为通信和科技的发展，行业内已经发生许多改变，有的地方甚至是全方位改革，不仅是为了推动传媒行业高质量、健康发展，也是为了能给传媒行业开创更多的发展空间，给传媒行业开辟更多的发展道路，创新行业的工作，给行业增加更多发展的正能量，给业内人士带来更多的信心、希望。

10.4.2 传统广播电视如何接轨5G

为了解决传统广播电视面临的问题，快速与5G接轨，需要着重把握好3个发展方向。

（1）广播电视要向更深层次发展

在5G的影响下，传统广播电视的发展要借力5G，布局上要向5G新媒体靠拢。

5G时代下，新媒体行业要培养全媒型和专业型的媒体人才，培养集全程媒体、全息媒体、全员媒体和全效媒体于一身的四全媒体人才，如图10-7所示。

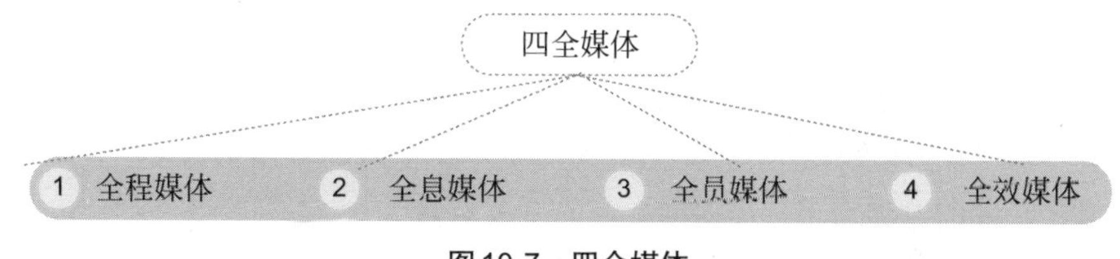

图10-7　四全媒体

全程媒体指的是一个事件从开始到结束，全程都要处于传播的链条之内。自2013年开始，信息传播速度加快，如果不能保证信息在自己的链条之内，那么这条信息随时可能被其他媒体透露出去。要学会整合信息，并且总结信息，让每一个阶段的信息都可以成为独立的信息，不要等待信息再去整合。

全息媒体指的是媒体的呈现模式多元化，发布形式包括文字、图片、音频、视频、游戏等。科技的发展让群众对媒体的要求越来越高，新闻的呈现方式不仅是平面，如报纸、杂志，通过VR和AR，新闻的呈现方式可以更加立体一些。5G带来了许多新的技术，例如AI、物联网、云技术等，这些技术都可以推动媒体的发展。

全员媒体指的是扩大媒体的范围。软件客户端的直播十分普及，新闻的传播者不限于从事新闻的工作人员。未来，可能每个人的手里都有一个麦克风，手里的手机就可以成为一个传播新闻的平台，例如现在的自媒体就符合全员媒体。

全效媒体指的是在媒体走向分众化的今天，用户的画像越来越清晰。全效媒体推出后会越来越清楚信息带来的反响。5G推出后，大数据技术将会被广泛应用，通过大数据可以清楚地知道人们对信息的看法，是否喜欢，看的人有多少，内容上是否有价值、有意义，传播的效果如何，这会进一步提高媒体的效率。

在5G的背景之下，发展四全媒体是广播电视媒体融合后向更深层次发展的方向。发展广播电视，要加快新媒体的全方位布局，提高融合传播的速度，提升资源配置和信息服务的能力。在发展高效传播的同时，将低效传播带出观众的视线。要快速建立新型传媒的传播链、创新链和产业链，将三者深度融合，尽快形成新型主流媒体。

（2）广播电视要向更高水平发展

广播电视在完成高水平的发展之前，要向融媒体和智媒体的方向发展。随着5G的发展，广播电视可以通过5G覆盖广、受众多等优势，挖掘出更多的增值服务，从而扩大广播电视的发展空间。

（3）推动广播电视向更多的领域发展

当科技和信息都在飞速发展时，唯一能够保证行业持续发展的方法就是进行创新。5G的出现直接影响新闻媒体的传统工作模式，直接驱动融合发展已经不能满足行业的发展需求，需要向更高的维度方向进行扩展。

对于广播电视媒体来讲，行业的创新要以新的增长点作为基础，例如场景接入、高格式新交互视频和大数据深度应用等。

重视视频内容的创新和优质，努力提高行业内工作人员的专业能力，提高行业工作标准，就能在科技发展的当下提高竞争力，占据优势。

10.4.3 5G时代下广播电视的发展建议

5G背景下，广播电视行业受到很大影响，在其他行业都利用5G技术飞速发展的时候，如果广播电视没有行动，那么行业的发展必然会落后。

为了适应5G的发展，广播电视媒体需要做进一步的媒体融合，把媒体融合作为下一阶段的发展核心。

发展媒体融合，可以扩大主流媒体的规模，加固主流舆论。同时媒体融合连接可以获得更多社会和生活方面的资源，媒介将是社会和生活的基础设施。

5G背景下，对广播电视未来的发展有四条建议，如图10-8所示。

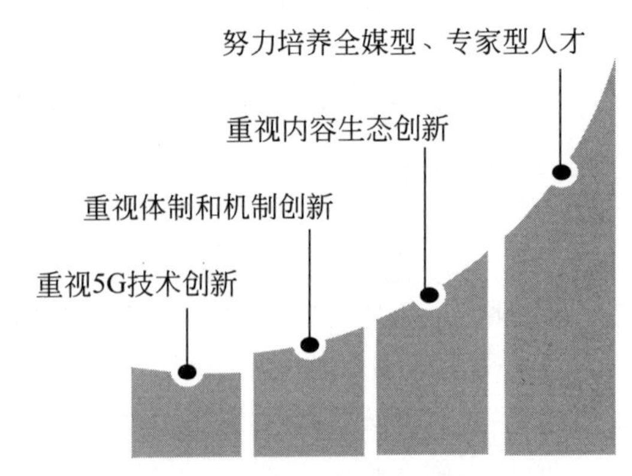

图10-8 广播电视未来发展的建议

（1）重视5G技术创新

广播电视一定要坚定不移地促进基础性技术改造。如果底层技术升级，就可以完成从封闭到开放、从分散到协同、从单向到双向的改变，推动应用技术的升级。

在布局新媒体平台方面要齐心协力，加快速度，从运营模式和商业模式两个方面入手。内容上要进一步创新，努力创造广播电视的价值，用物有所值的内容吸引新客户、留住老客户。最近一段时间，短视频飞速发展，随后中视频和长视频的发展也会逐渐加速，视频方面的内容会从单一走向丰富，逻辑上也从简单走向复杂，价值从浅显走向深刻。在专业内容和深度内容的方面，主流媒体和其他媒体的地位是一样的。

（2）重视体制和机制创新

在深化媒体融合的过程中，推动体制和机制的创新是关键，创新体制和机制才能做好生产关系的调整工作，释放生产力。

为了创新体制机制，广播电视要尽快改革内部市场化，在内部市场化改革之后，可以集中整个广播电视行业的利益，所有的成果也是市场共享，能更大程度上鼓励生产，广播电视媒体的竞争力会极大提高。

在进行体制和机制创新的同时，需要精细化，加速业务流程、生产机制再造。一方面，广播电视创建扁平化的组织结构可以减少管理层次、降低成本、提高工作效率、提升生产输出和运营水平；另一方面，可以让新媒体成为媒体机构的中坚力量，让内部的工作实现合作、共享和用户导流机制，新媒体将引领广播电视发展。

绩效考评也不能忽视。打破原有的广播电视媒体事业单位的考核模式，考核机制要和传媒的环境变化、机构的设置调整相结合，并且与融合传播相匹配。

（3）重视内容生态创新

不管是哪种媒体，内容生产都是最重要的，没有优质的内容，媒体就会失去信誉，失去支持，平台也会失去价值，所以不管做出什么选择都要以内容生产为核心，让内容优势成为发展最大的优势。

重视内容生产要利用新技术。通过5G，广播电视的生产会更加有沉浸感和代入感，符合5G时代发展，给客户带来更好的视听体验，赢得客户的满意度。同时，广播电视需要把移动放在第一位，时刻关注新媒体传播的规律、创新、创意，争取在短时间内建立自己的移动传播优势。

在关注内容生态创新的同时，有两个关系要着重把握。

第一个是平台和内容之间的关系。内容生产和平台建设的地位同等重要，内容是基础，平台是资源，都是发展中不可缺少的元素。

第二个是算法和价值之间的关系。虽然广播电视的数据和算法没有价值观，但是数据和算法的不同使用方法，就能体现出不同的价值观。科技的发展让数据的算法更加多样化，不管如何变化，保证媒体的健康发展就要保障高质量生产，引领更好的社会价值观。

（4）努力培养全媒型、专家型人才

在建设新型的主流媒体的过程中，必须保证拥有一支强大的人才队伍。这个队伍里的人才要有着坚定的政治立场、执着的文化情怀，对信息的传播规律十分了解，擅长使用现代化的传播手段，拥有极高的素质。

在培养人才的过程中要注意引进和培养、团队转型和自我转型、业务成长和绩效奖励这三项之间的融合。

在引进人才之前，先设置好工作岗位，确定引进人才的机制，确保能够吸引有才能的人加入到队伍中来。在5G背景下，只拥有新媒体人才是远远不够的，还需要有人才精通大数据、AI等技术，不仅能够做内容生产，知晓新媒体的传播技术，知道如何进行新媒体运营，还能促进队伍的转型和发展。

团队的力量永远大于个人的力量，因此，在内容生产之前最好创建一个工作室，建立融媒体工作小组和项目孵化器，这样可以促进团队增加活力，让团队中的人员在转型上有主动性。

行业要为年轻的人才提供更多的便利，让他们继续成长、发展、加强自己。同时让这些人才和其他工作人员互帮互助，努力让团队中的每一个人都成为有才能、有经验的人才，扩大能与融媒体和智媒体相匹配的人力资源库。

第11章 5G落地：有成果也有不足，喜与忧并存

从2019年进入5G商用元年，到2021年短短两年多的时间里，三大运营商在5G落地方面取得了很多成就，不过也存在很多不足。5G的落地只有运营商努力是远远不够的，需要社会中的每一个人都贡献出自己的力量，团结一致，才能更加快速推动5G发展。

11.1 5G新基础设施建设全面进行

11.1.1 5G新基础设施建设的内容

5G运用在商业诸多领域中，可以预见，将会开创新的商业模式，而基础建设作为其中一个重要环节，则深刻影响着商业模式创新程度。

5G新基础设施建设是建设用于5G技术大范围普及，支撑数字经济发展，促进传统产业转型的新型社会基础设施，是5G技术在各行业得以运用的重要前提，在产业发展中发挥着重要作用。

5G新基础设施建设是其他产业发展的重要基石。5G赋能千行百业，加快5G网络部署还将促进4K/8K视频、VR/AR游戏、智慧教育、远程办公等新型服务消费，带动信息消费增长。预计到2025年，5G商用带来的信息消费规模累计将超过8.3万亿元。

同时，5G新基础设施建设也将对终端产业产生积极影响，将促进终端产业的发展。据了解，终端市场2020年一季度的销量占到全年销量的30%左右。由于疫情影响，最黄金的一季度遇“冷”，疫情给全年终端整体市场规模带来较大的负面影响。

那么，应该如何理解5G新基础设施建设呢？先来追溯一下新基础设施建设，这个词最早在2018年中央经济工作会议上提出，2020年已经多次出现在国家层面的会议中。从多个会议精神中总结得出，所谓新基础设施建设，又称为新基建，主要包括信息基础设施建设、融合基础设施建设和创新基础设施建设。

5G新基础设施建设（以下简称5G新基建）属于信息基础设施建设范畴，如果进一步细分，又包括4项内容，如图11-1所示。

图11-1　5G新基础设施建设4项内容

（1）5G基础网络建设

5G基础网络建设包括基站、核心网、传输等的系统设备研发，网络建设部署、运营维护、设计和优化等，并涉及传统意义的移动通信设备制造商、运营商、服务商等。

（2）网络架构的升级改造

包括推动传统通信机房向数据中心升级改造，通信网络由刚性的传输与交换网络向弹性、云化、虚拟化、智能化、切片化等演进，网络控制由中心集中控制向多级分布式自适应控制演进。

（3）业务应用的对接

信息通信基础设施应该能够满足公众、行业和社会发展在数字化、智能化及数字孪生应用等领域对信息传输、存储、处理的需求，能够联通所有行业的各种类型的数据以及生产的全过程。

（4）新型治理架构

新型数字化将推动新型的文化生活创新。信息基础设施的建设同时应该能够满足人类社会新型数字化文明的积累、传承、共享等需求。信息基础设施及网络空间的管理和治理模式需要建立基础框架，并长期逐步优化，以支撑人类文明向更高层级发展。

11.1.2　5G新基础设施建设的重点

通信技术是不断迭代的过程，5G是在4G基础上发展起来的，而且还会不断地优化，向着6G发展。从这个角度看，基建是动态的过程，是一个庞大而复杂的工程，它不是做几件事、一两年时间就可以完成的。

因此，在5G新基建的过程中必须有所侧重，根据当前的实际情况，优先建设当下最基础、最关键的设施，以满足眼下最紧迫的需求。5G新基础设施建设的重点有5项，如图11-2所示。

图11-2　5G新基础设施建设的重点

（1）基础配套建设

基础配套建设包括机房、供电、铁塔、管线等的提前升级、改造和储备，以及与运维模式的协同。

（2）基础网络设备

5G基站、核心网、传输等基础网络设备研发与部署，5G独立组网模式与业务创新的协同。

（3）云化业务应用平台

5G新型云化业务应用平台的部署，与新业务以及各种垂直行业应用的协同。

（4）工业互联网网络环境

围绕5G的工业互联网新型网络环境，包括物联网云、网、端等新型基础设施，围绕车联网的车、路、网协同的基础设施等。

（5）5G安全

5G安全包括数据全过程的安全体系和保障，相应的认证、加密设备部署和体系构建，以及与网络架构和业务运营安全的协同。

这5个方向是5G初期基础设施建设的方向，也是近几年5G基础设施部署的重点工作。

11.1.3 5G新基础设施建设的进程

5G新基建主要由中国移动、中国联通和中国电信三大运营商承建。自2019年11月5G商用牌照下发以来，三大运营商就巨资投入到建设中，正式拉开了5G新基建的大幕。

案例11-1

2020年是我国进入5G规模商用的重要时期，年初中央正式提出加快以5G为代表的新型基础设施建设，新基建上升到国家重大战略的高度。各地政府也陆续出台相关文件，将5G建设纳入城乡规划，开放公共资源，出台电费优惠政策。业内人士表示："新基建政策的发布将加快我国5G建设的步伐，加速5G普及。"

> 2020年新基建按下了加速键，带来新一轮信息化基础设施建设的高峰，对产业而言是重大利好。然而，受新冠疫情影响，我国经济增长、企业发展都受到了严峻挑战，严重影响到了5G建设进程。尽管建设步伐有所暂缓，但三大运营商始终处于备战状态，2020年5G建设目标均不变。中国移动方表示，将坚持把5G建设发展作为重大政治任务，抓实抓细，把握关键时间节点，确保如期完成5G网络建设，做到5G建设目标不变、发展节奏不停。
>
> 中国联通和中国电信方也表示，确保5G建设目标不降低。2020上半年，完成47个地市、10万个基站的建设任务，三季度完成全国25万基站建设，较原计划提前一个季度完成全年建设目标。

从上述资料中可以看出，5G新基建已经是一项国策，从国家到地方，从运营商到基建承建单位都十分重视，而且成效显著。即使面临外界大环境的诸多困难，也没有丝毫松懈。据统计，截至2020年11月，也就是5G商用实施一周年之际，我国已建成5G基站近70万个。5G基站规模快速增长，良好的基础设施促进了基于5G的多项新应用的出现。

进入2021年，我国的5G新基建也进入到了第三个年头，不到3年的时间走出了坚实的一步，3年上了3个台阶，如图11-3所示。

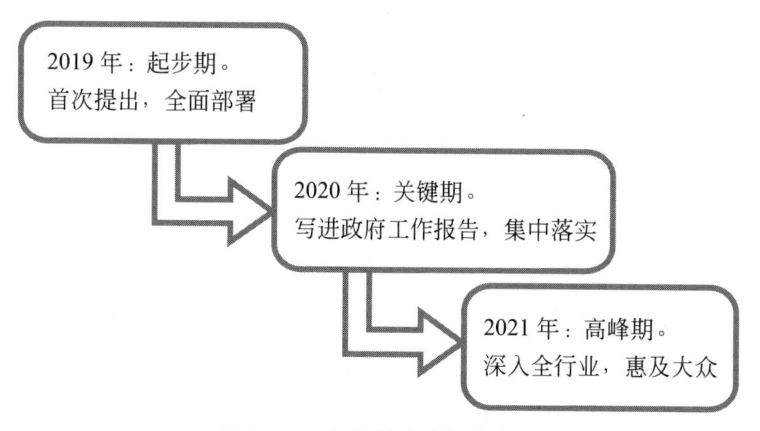

图11-3 5G新基建关键的3年

2019年5G新基建正式提上议程，国家在全面部署的同时，也在具体落地执行，短短的半年时间，所有工作都在按计划、有条不紊地进行。5G新基建起步期主要工作集中在运营商的投资上。据统计，2019年下半年三大运营商网络建设直接投资共计411.7亿元，2020年1800亿元，在未来5年内投资预计在

10000 ～ 15000亿元。2020年新基建按下快速键，写进政府工作报告，稳投资、促消费、助升级，超额完成预期目标。根据规划，未来5G建设规模有望加速扩张，2021年将进入高峰期。

有人担心，过快的5G新基建是否会带来5G产能过剩，对这个问题业内专家持乐观态度。因为5G建设不是一蹴而就的，是个逐步完善的过程，它的发展与经济、产业链发展总体保持着同步。

11.1.4 5G新基础设施涉及的产业链

5G新基建对于推动产业升级至关重要，将带动5G全产业链的发展，利好产业链上下游。例如，5G基站、5G传输、5G核心网、5G芯片等。

中兴通讯始终致力于5G技术的创新，持续加强芯片、算法、核心技术、架构等研发投入，在标准专利、关键技术、产品安全等多个层面构建了核心竞争优势。根据权威第三方机构的评测，中兴通讯向ETSI声明的5G标准必要专利超过2500族，位列全球前三。在5G网络及应用两方面持续引领创新，截至2020年6月底，中兴通讯在全球共获得46个5G商用合同，与全球70多家运营商展开5G深度合作。

5G新基础设施建设涉及的产业链范围很广，具体可以总结为三个方面，如图11-4所示。

图11-4 5G新基础设施建设涉及的产业链

（1）产业链前端

5G的产业链前端包括芯片、器件、材料、精密加工、电源、天线、接插件等硬件相关厂家，也包括操作系统、云平台、数据库、软件中间件、开源资源、协议栈等软件部分供应商。

（2）垂直应用生态

5G的垂直应用生态包括大数据、AI、网络安全等关联技术，各种行业应用平台，以及5G相关垂直行业的改造升级，如车联网涉及的智慧道路升级改造、工业互联网基础建设、智慧城市的升级等。

（3）产业终端

5G的产业终端包括基站机房升级改造（供电、空调等），天线（铁塔等）、传输管线、数据中心机房改造等，相关的专业技术与产品、服务提供商等。

5G新基建涉及的产业链上下游深度和覆盖广度都非常大。5G建设初期涉及的产业链集中在设备研发、生产、网络建设等环节的上下游，后续或许会拓展到几乎所有行业。

11.2 移动智能终端，市场估值逐步提升

11.2.1　5G智能手机

5G技术最终是通过终端来实现的，因此，自2019年开启5G元年以来，全球范围出现了终端先行的新局面，不再如4G时代那样网络开道、终端跟随。

在5G落地过程中必须配以与之高度匹配的终端设备，最具代表性的就是5G智能手机。

案例11-3

截至2020年第三季度，全球智能手机总销量为3.66亿部，同比下

> 降5.7%。三星以8081.6万部的销售量排名第一，市场占比达22%。紧随其后的是华为、小米和苹果。华为同比从6580万部跌至5180万部。小米排名世界第三，第三季度手机销量为4440万部，相较于去年同期的3290万部，市场占比增长至12.1%。

报告分析，经济环境的不确定性以及对疫情的担忧仍将压缩人们的非必要支出，手机厂商持续提高智能手机的研发投入，智能手机渗透率在2019年达到95.6%，而且这一情况延续至2020年末。

我国是全球最大的消费电子出口国，智能手机产量全球占比近90%，不仅消化国内庞大需求，更出口七成供应全球市场。相关企业广泛布局产业链中后段，在诸如处理器、内存、存储、屏幕、镜头组、金属外壳等手机关键零部件的生产环节、组装环节占据主导。

智能手机受益于升级迭代加速，在我国手机市场中占据主导地位。从5G渗透率来看，预计国内5G手机销量占比可达50%以上，2021年，5G换机潮仍可支撑行业复苏上行。

11.2.2 射频器件和电磁屏蔽件

在5G移动终端设备中，除了5G智能手机之外，还有两个也非常重要，一个是射频器件，另一个是电磁屏蔽件。它们是无线通信设备的基础性零部件，在无线通信中扮演着重要的角色。

5G终端侧给了广大投资者一个非常有前景的投资机会，发展趋势很好，如图11-5所示。

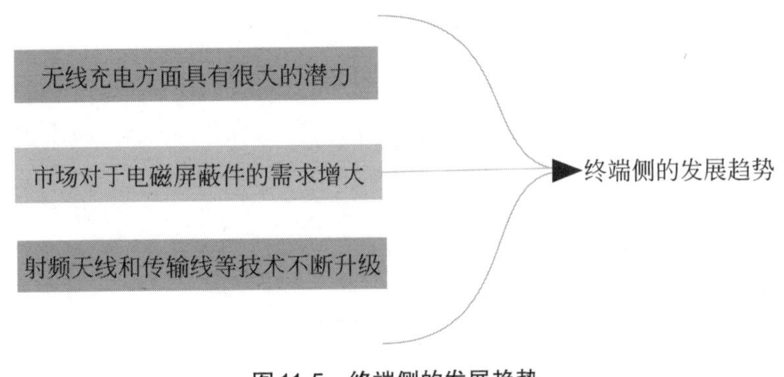

图11-5　终端侧的发展趋势

（1）无线充电方面具有很大的潜力

由于5G手机的业务量增大，移动数据消耗大，数据的处理速度增快，人们的工作和生活几乎时时刻刻都要用到手机，所以手机的耗电速度也会增快。为了不让用户因为手机耗电而影响工作和生活，手机电池的容量就变得十分重要。

5G时代，充电器设备和充电宝已经很难满足电池消耗的需求，这个时候无线充电出现了。而且从目前技术发展成熟度看，2025年之前难以出现新的且可大规模商用的移动终端电池存储技术，锂电池能量密度预计继续以年均1%～2%的速度缓慢提升。在电池容量难有所突破的情况下，快充成为标配，无线充、反向充继续拓展。

（2）市场对于电磁屏蔽件的需求增大

手机的射频器件要求向下能够做到兼容，从某个角度来说，5G手机是2G、3G和4G手机的延伸，自然拥有2G、3G和4G手机的通信功能，但是因为功能的增多，所以相较于2G、3G和4G手机，5G手机的内部结构变得更加复杂，因此5G手机对于驱动电磁屏蔽器件的市场需求增大。

（3）射频天线和传输线等技术不断升级

5G出现后，因为场景应用的增加，手机传输的需求也不断增大。通过LCP传输线来代替同轴电缆已经在计划之中。其中高通公司先行一步，它的5G毫米波天线模组已经使用LCP技术。

为了配合5G的上网速度，各地都建立了大量的基站，采用大规模天线阵列，用增加天线数量来提高频率。不过在这个过程中，常规的LCP技术可能会对振荡性能产生负面影响，工作过程很容易受到干扰，影响进展，所以5G的射频天线和传输线等技术需要不断地进行升级，以此确保顺利工作。

信维通信和村田制作所联合，坚定材料到产品做到垂直一体化，把材料作为基础生产机器配件。把材料到产品的垂直一体化应用到手机、电脑等天线的设计环节之中，全方面布局产业链，在保证产品质量的同时，降低生产的成本，从中得到更多的利润。在手机研发上，信维通信主要负责开发核心射频器件，他们研发出来的资源可以累积，效率很高。在手机行业，信维通信的实验室规模、射频领域的专利水平、射频测试能力等都在行业中遥遥领先。

目前的情况显示，终端侧的发展十分可观，市场估值也在不断增长，极大程度上增加了发展5G的信心和动力。

11.2.3 无线快充

无线充电已经不是“纸上谈兵”，华为手机、苹果手机、三星手机等高标配的手机已经配备无线充电功能；OPPO和vivo将继苹果、三星、华为、中兴和小米后推出支持无线反向充电的手机。现在已经有65W技术，可半小时充满4000mA·h非定制锂电池，预计未来厂商相关竞争投入将相对减弱。未来1～2年还有可能出现80W+有线快充产品，多发射线圈方案等新技术的成熟度将决定1（充电器）对3+（接收充电终端）无线充电产品的商用进程。

11.3 5G建设过程中存在的问题

11.3.1 覆盖率问题：集中在一线城市

5G落地并不会一帆风顺，在执行过程中会遇到很多难关。其中最主要的一个就是覆盖率问题。自从5G建设被提上议程，大多数人最关心的就是5G什么时候能像4G一样普及，覆盖全国。

11.3.1.1 5G覆盖率现状

结合国际、国内两个方面的进度看，短期内是很难实现全覆盖的。我们先来看几组资料：

2020年2月21日，针对5G使用情况，麦肯锡发布的最新报告称，此后十年内全球将投入7000亿至9000亿美元部署5G，覆盖率达25%，且用户主要集中于美国、中国、欧洲发达地区。

2020年3月9日，在5G产品与解决方案线上发布会上，华为透露了一组数据：到2025年，全球5G移动用户数量突破28亿，5G网络覆盖率将达到58%。全球5G商用网络从2019年的60张增至2020年的170张，5G基站从2019年的50万个增长到150万个，5G用户从2019年的1000万增长到2.5亿。

再看国内的情况。

2019年12月18日，新京报举办“看2020财经峰会”，会议中提到5G覆盖时这样说道：“实现全国覆盖5G，根据国家的情况，大概要建设600万个基站，建设基站的费用在1.2万亿元到1.5万亿元之间，初步预估，全国要实现5G全国覆盖，至少需要6年的时间。”

11.3.1.2　5G覆盖率的问题

那么，实现5G全覆盖为什么如此难呢？

首先，有个硬件条件的限制，就是基站建设。目前，这个硬件条件正在实现当中，尽管已经备受重视，但要做到完全满足5G普及的需求还需要一定时间。

5G基站是专门提供5G网络服务的公用移动通信基站。关于5G基站的建设，我国已经全面启动。相关部门人员表示，截至2020年底我国建成的5G基站已达71.8万个，投入使用的已近39万个，目前可以覆盖全国所有地级市和部分重点县城，在网5G终端数超过9000万部。

不过，目前的5G网络主要还是应用于工业、能源、交通、医疗、教育等重点行业，打造示范项目，无法覆盖到每个家庭级。要想实现5G普及到每一个家庭，涉及的问题比较多，还需要更长的时间。未来可能会从一线城市或重点发展区域开始部署，例如北京、上海、广州、深圳、南京、杭州和雄安等。

其次，5G的覆盖率问题还会受到技术、运营成本的影响。

（1）技术不成熟

当前尽管5G商用很受欢迎，各个国家都在争先恐后地抢夺5G资源，大力推进。5G是一项新技术，还处于探索阶段，再加上地区发展的不平衡，很难大范围普及开来。以美国为例，受毫米波技术问题的限制，美国5G建设很慢。美国采用的毫米波，由于穿透性能很差，在相同的覆盖面积下只能靠建设更多的5G基站来弥补。

（2）运营成本极高

5G基站复杂，比4G密集，因此建设、运营成本非常高。正是因为成本高，最先应用的领域也必须是重点领域、关键领域。据统计，我国的4G建设，从2013年起7年的时间总投入在1100亿美元；而5G也按7年建设周期算，保守预测会多出50%。这是从国家层面算成本。也可以从企业角度算，以华为的巴龙5000为例。

巴龙5000是华为研发的5G基带芯片，峰值可达3.2Gb/s，于2019年1月24日在北京的5G发布会上发布。华为10年前就开始研发该芯片，总投入将近20亿美元。

芯片的研发就是烧钱，芯片研制好了就要去进行晶圆流片，一次流片的费用就上亿元，不成功钱就打了水漂，还要重新来，所以研制这款芯片花费的时间、人力、物力巨大，芯片制造成本很低，但是芯片的研发成本是很高的。

我们再从个人角度算一笔账，以中国移动公布的5G套餐费用为例。

案例11-5

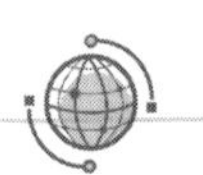

2019年10月底，中国移动在三大运营商共同主办的“5G正式商用启动仪式”上公布了5G套餐资费情况。有个人版和家庭版两个版本，其中个人版5个档，最低月费128元、30G流量，具体如表11-1所列；家庭版也是5个档，最低月费为169元、30G流量，具体如表11-2所列。

表11-1　中国移动5G套餐个人版资费情况

资费/（元/月）	流量/GB	基础版语音/min	合约版语音/min
128	30	200	500
198	60	500	1000
298	100	800	1500
398	150	1200	2000
598	300	3000	3000

表11-2　中国移动5G套餐家庭版资费情况

资费/（元/月）	流量/GB	附赠宽带/M	语音/min	备注
169	30	100	500	享受5G优享服务
269	60	200	1000	
369	100	300	1500	享受5G极速服务
569	150	500	2000	
869	300	1000	3000	

另外，联通、电信也公布了资费情况，与中国移动相差不大，都提供由128/129至598/599元档位的多档套餐，起始资费和最高资费也接近。

针对技术不成熟、成本高而导致的覆盖率低的问题，有人提出采用低频段和中频段5G技术。其实这是一种介于4G和5G之间的网络，比4G快，但慢于5G。由于采用的是像4G一样的无线电频段，建设成本大大降低。

目前，这个折中的方案有可能在国外成为主流。

11.3.2　网速问题：速度不及预期，体验差

网速快是5G最大的优势，也是给用户带来良好体验的保证。然而就当前的现状来看，稳定性还比较差。

我们先来看看外媒的一些相关报道。

根据芝加哥CNET（CNET NetWorks公司简称，互动媒体公司）的报道，他们对Verizon的5G网络进行了测试。

测试结果发现，5G的网速的确很快，峰值下载速度达到了634Mb/s，换算下来就是79Mb/s，这比大部分家庭使用的宽带都要快。然而可惜的是，由于基站建设不足的问题，5G的信号并不稳定，几次测速的结果都

不一样，成绩最差的一次只有71.5Mb/s。有时候手机虽然显示5G信号，但是上网速度和4G相差无几。

目前，在国内5G网速的最高速率标准是1Gb/s，但实际远远未达到此标准。中国移动套餐算是最理想的，但最高也只在500Mb/s左右，距离1Gb/s还有很大差距，联通和电信则更低，最低只有200Mb/s左右。

当然，网速还跟所处的位置有关，在不同的地方网速会有所波动。国内有人对此进行了监测。

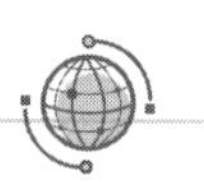

第1个地点是上海的人民广场。人民广场是上海人群最集中、人流最大的地点之一，能够提供相对真实的使用情况。

监测结果显示，此地的5G速度出现了剪刀差。中国联通、中国电信都能达到甚至远超营业厅门口的速度，约为600Mb/s和500Mb/s，中国移动5G反而表现要略逊一筹，不如营业厅门口的速度，只有250Mb/s左右。

第2个地点是广州的北京路。广州的5G覆盖率算是比较好的，5G基建非常完善，大部分地方都能搜索到5G信号。为了进行对比，同样是先在三家营业厅门口进行监测，结果显示速率并不差，移动、电信都能达到700Mb/s以上的速率，联通还能够跑满1Gb/s的速率。

然后再选择年轻人最喜欢的“打卡地”北京路作为监测地点。在这种人多的场景，三大运营商的速率就降下来了，都在400 ~ 600Mb/s徘徊，并且信号覆盖不够全面，有时候走出几十米就会搜索不到5G信号。

5G网速的不稳定性是由很多原因造成的，尤其是一些客观原因在短期内还无法解决。为了解决网速问题，未来有关部门会采取一些补救措施，尽量让网络快速稳定，如图11-6所示。

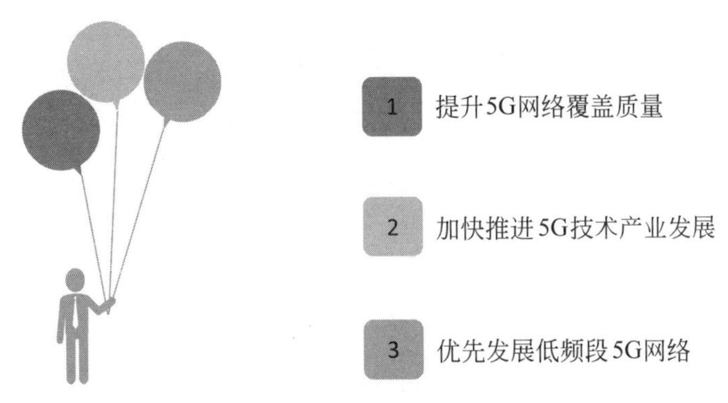

图11-6 解决5G网速问题的应对措施

（1）提升5G网络覆盖质量

目前5G网速较低，主要是覆盖率低，尤其在一些通信信号差的环境，比如，商务楼宇、电梯内、铁路/公路沿线等。对此，可以在狭小的室内、铁路/公路沿线增加5G网络覆盖的广度和深度，增加5G基站数量，提高覆盖质量。有需求的热点地区，加大载波聚合等5G演进技术的部署力度，进一步优化5G业务质量。

（2）加快推进5G技术产业发展

5G网速较低的原因还在于相关产品链不完善，配套设备不足。对此，在提升网络覆盖质量的基础上，应该重点推进5G标准化、研发、应用、产业链成熟和安全配套保障，组织实施“新一代宽带无线移动通信网”重大专项研发试验，推动形成统一的5G标准。

（3）优先发展低频段5G网络

5G普及还需要很长的时间，换句话说，4G和5G共存的局面还会持续一段时间。那么，在过渡期可以优先发展低频段5G网络。低频段是指频率在600MHz以下的一种5G网络，它没有高频段5G网速那样快，但由于有更好的波段，完全满足大多数普通用户的需求，不会有无信号、无法穿越墙壁之类的问题，体验比4G好，同时资费比高频段5G低，作为4G向5G过渡期的替代品再好不过。

11.3.3 配套设施问题：数量少，安全性差

自2019年以来，我国的5G新基建已经取得了非常突出的成果，为5G的落

地奠定了坚实基础。但其中也存在很大的问题。5G新基建是一项非常庞大的工程，不仅耗时，还需要大量的财力投入。如果将目前所取得的成果放在5G发展的整个过程，尚处于初级阶段，也必然存在很多问题，面临着诸多困难，如图11-7所示。

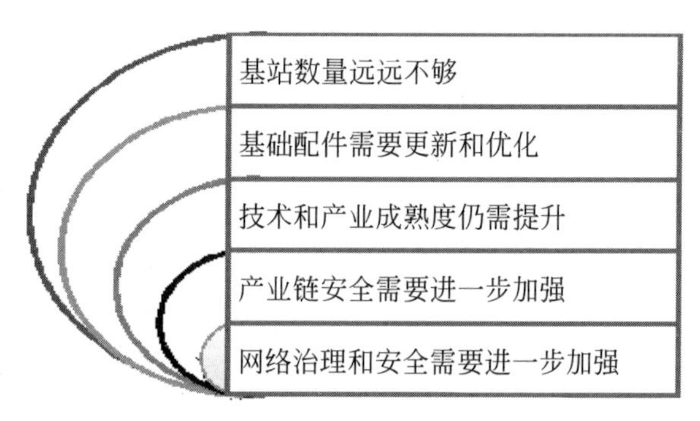

图11-7　5G落地过程中的配套建设问题

（1）基站数量远远不够

5G网络的普及需要大量基站做后盾。因为5G的频射传输是短波段，在同样范围内需要建立更多传输基站，网络基站的建设对5G用户的上网体验起着决定性作用，基站设施越完善，工作能力越强，传输效率越高，能够携带的信息、数据量越大。

因此，需要加大基站建设力度，形成矩阵式的网络集合，以更好地交换和共享信息与数据。

（2）基础配件需要更新和优化

每一次技术升级，都会带动通信基础配件升级和优化。5G有更强大的数据通信能力以及更丰富的连接场景，如家庭影院、4K/8K高清电影、VR、远程医疗、车联网等。但要支撑这些新兴应用，首先需要大量的配套基础配件，例如放大器、滤波器、混频器、传输线、天线等。配套基础配件在5G的发展中起着重要作用，尤其是典型的毫米波器件，甚至成为制约5G进一步发展的最大障碍。

（3）技术和产业成熟度仍需提升

当前的5G商用节奏超前于产业支撑能力，体现在5G系统设备的功耗、成本等，与大规模建设需求有差距；云化和虚拟化、与全程全网的一致性以及与边缘计算等技术的协同性和新业务适应能力仍需要电信级的大规模检验和验证，

5G的建设节奏仍需适度把控。

（4）产业链安全需要进一步加强

5G产业的国际竞争面临复杂局势，国产产业链在完整性和竞争力方面与国际先进水平仍存在差距，需要伴随5G的商用过程分阶段逐步完善。其中重点涉及高端芯片设计与制造、新型材料、操作系统等领域。

（5）网络治理和安全需要进一步加强

国际竞争面临复杂局势，倡导开放合作的网络安全理念，坚持安全与发展并重。应加强关键信息基础设施保护和数据安全国际合作，共同维护网络空间的和平与安全。

第12章 5G之争：5G国际市场已经形成三足鼎立之势

2019年是5G商用元年，事实上在这之前就有许多国家已经开始研发工作。在5G技术的研发上可以分为3个梯队，第一梯队是通信行业领头羊的美国；第二梯队是亚洲，以中、日、韩为代表；第三梯队是欧洲国家，起步虽早，但发展速度相对缓慢。

12.1 美国：相对缓慢，但后劲十足

通信技术的发展过程就像一场竞赛，从一开始各国就你争我抢。美国是后来居上，虽在2G、3G时代都落后于欧洲、日本，但在3G向4G过渡时逐渐取得领先，创造了苹果、谷歌、脸书等一大批移动互联网公司，同时也带来了大量就业，增加了80%的通信行业就业。而到了5G时代，美国又陷入了停滞，被韩国超越。

4G后美国成为通信行业的领头羊，在多项核心技术上占据主导地位，产品的设计基础架构、操作体系等，以及宽带水平都遥遥领先，为全球其他国家和地区提供了成熟的4G技术和网络系统。

5G兴起后，美国虽然参与度很高，在无线产业上投资也很多，但态度似乎不够积极，处处被动，慢慢地掉了队，在商用上较很多国家慢了一步。

美国5G发展缓慢的原因主要有两个，一是基础设备水平低，二是没有充足的频谱资源，如图12-1所示。

图12-1　美国5G发展缓慢的原因

（1）基础设备水平低

美国5G的落后，一个很重要的原因就是其没有像华为这样的5G设备厂商。在发展通信技术上，美国基础设备业务不受重视，包括源代码、硬件技术、测控、交付、生产上的经验，甚至芯片设计等都是弱项。例如，美国有高通这样的通信业巨头，能制定世界上最先进的通信协议，但没有终端设备制造、生产业务，更没有能力创建自己的基站、手机终端设备。

可能很多人对此不太理解，对于高通这样的巨头，为什么生产不出自己的终端设备。这就需要了解一下高通的发展思路。

高通的发展思路是从高端技术，如2G/3G/4G的通信协议向下衍生各种核心产品，他们不做生产基站、制造手机这样的设备业务，是因为利润实在太低，能够舒舒服服躺着赚钱，何必要费这个苦劲呢。所以，高通不是没办法制造跟华为一样的通信基站，而是认为没必要，上游公司不需要去抢下游公司的活。

高通的发展思路也是美国的发展思路，因此，美国基础设备水平一直比较低，现在这反倒成了他们发展5G的桎梏。

另外，美国基础设备水平低还与他们的土地政策有关。美国的土地不是统一隶属于国家，而是高度私有化，这一制度大大阻碍了基础设施建设的进程，因此想要建立大量的基础设置不仅要花费巨大的资金，更要兼顾各州的土地政策，协调不同地方政府的关系。

（2）没有充足的频谱资源

美国的频谱资源本就不丰富，而且把6GHz以下的频段都给军方，以至于在部署商用时唯一的选择就是用毫米波。

毫米波是高频段，用高频段距离虽然近，但是绕射性能不好，而且毫米波基站能够覆盖的范围不大，对于美国来说不容易形成一定的规模。另外，毫米波的信号不是很好，很难穿过障碍物和建筑物，因此一般用于没有障碍物的开阔地，或者距离信号塔近的地方。

当然，这些困难并不意味着美国在发展5G上就失去了机会，如图12-2所示。

图12-2　美国5G发展的两大优势

（1）芯片产业大幅领先

美国作为第一大半导体产业强国，芯片业十分发达，尤其以高通、英特尔等为代表的企业，放在全球范围内都处于大幅领先的地位。

美国经济分析局（BEA）的数据显示，近年来，美国的半导体和其他电子元件制造呈显著增长趋势。2018年的实际总产值达到1134亿美元，2019年达到2014亿美元。

在半导体及相关设备方面，美国也是全球出口国前五名，2019年实际总产值就达到649亿美元，产品出口额接近470亿美元。就销售（不仅仅是制造业）而言，美国芯片业也是市场份额的全球领导者，占整个世界半导体市场的近一半，这一份额一直非常稳定。

通过这些数据可以得出结论，美国半导体产业状况良好，作为半导体制造基地在全球的地位仍然稳固。

芯片作为美国科技领先的关键支柱之一，将在全球的5G竞赛中确保美国的5G产业不会落后太多。

（2）通信运营商相当有优势

美国的通信运营商在全球都相当有优势，这也是美国5G商用落地较早的主要原因。威瑞森（Verizon）在2018年10月就在美国4座城市推出了自己的5G服务，这是一种家庭和办公室宽带的无线版本。虽然有媒体报道说这是假5G，但毕竟意味着5G在美国的落地。还有美国电话电报公司（AT&T）以及T-Mobile、Sprint等几家公司也先后公布自己的5G服务上线时间。

此外，T-Mobile和Sprint两大运营商开展合作也引起了国际社会的重视，预示着美国在发展5G上的决心。

T-Mobile和Sprint合作是有原因的。Sprint的频段是2.5GHz，属于中频段，可以做容量层，T-Mobile的频段是600MHz，属于低频段，可以做覆盖层。还有毫米波作为高频段。两家运营商合作就拥有了高中低三个频段，实现了更大的网络覆盖，扩大了网络容量，可以做到覆盖整个美国，是双赢的结果。

12.2 亚洲：韩国领先，新晋力量崛起

在亚洲所有国家和地区中，韩国的5G发展名列前茅，甚至在全球范围内也处于领先。韩国是亚洲第一个投入到5G研究和发展的国家，而且拥有像三星这样的巨头，其发展速度快、水平高。

案例12-2

2019年，咨询机构OMDIA对各主要国家的5G市场进行评估，韩国在频段规划、业务商用、网络覆盖、用户渗透率、5G生态等5个方面全部被评为最优，被认为是“世界最好5G”。

由此，这也奠定了韩国在5G发展上的优势地位。韩国5G也一时之间成为通信行业的风向标，韩国运营商借助5G不但突破自身业务增长瓶颈，迎来新发展机遇，还影响到其他国家运营商启动5G建设和商用的信心。

不过，韩国的5G之路走了个先扬后抑的过程，继2019年高峰期过后，2020年弊端逐渐显露出来，从三大运营商SK Telecom（SK电信）、Korea Telecom（韩国电信，简称KT）与LG U+在年度财报里公布的数据看，疲态尽现。那么，韩国5G发展为什么突然遇冷呢？主要包括以下3个原因，如图12-3所示。

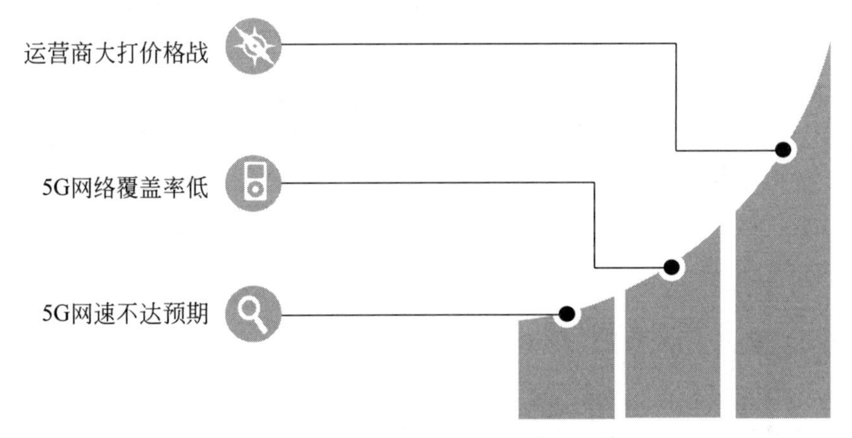

图12-3　韩国5G突然遇冷的3个原因

（1）运营商大打价格战

用户渗透率是衡量一个国家5G发展状况的主要指标，但是如何拥有大量用户、提高用户渗透率呢？最直接的方法就是让更多的用户拥有5G手机，扩大5G手机用户普及范围。

韩国在扩大5G手机用户量上采用了一个非常有效的方法，就是补贴政策。只要用户购买手机和升级5G套餐，运营商就提供一定额度的补贴，这直接降低了购买成本，促使韩国市场上5G手机销量走高。一项数据显示：2019年，韩国市场上最畅销的5G手机是三星Galaxy S10和LG V50 ThinQ，尤其是Galaxy S10，2019年4月初推出，短短80天销量达100万部，三个月销量占到韩国整个5G手机市场份额的27%。

然而，这两款5G手机大卖的原因，则是三大运营商为抢夺5G用户而投入的巨额补贴。例如，三星Galaxy S10 256GB版的手机市场售价为139万韩元（约1222美元），补贴后能降至80多万韩元。最先挑起价格战的LG U+通过47.5万韩元的补贴把Galaxy S10 256GB的价格打到了85万韩元；作为还击，SK Telecom很快就将其补贴提高到54.6万韩元。

再如，LG V50 ThinQ是一款双屏手机，搭载高通855芯片，市场售价120万韩元，但有些运营商为其提供77万韩元的补贴，再加上其他促销，用户最低只需31万韩元就可以入手。

大运营商的手机补贴政策大大激发了韩国5G手机的销量和5G用户的增长，通过手机补贴来刺激5G消费犹如饮鸩止渴，不但加大了自身的财务压力，还会影响5G业务的健康发展。以LG U+为例，其2019年第二和第三季度的市场成本同比分别增长了11%和18%，但运营收入却同比下降了30%和32%。

因此，韩国通信委员会及时叫停了运营商的补贴政策，并对三大运营商给予罚款处罚。补贴政策被叫停后，5G新增用户数骤然下降，从2020年三季度的213万，骤降到了四季度的120万。与此相对应的是，5G手机的吸引力也随之下降，三星在2020年2月发售的5G新机Galaxy S20，当天销量惨淡，不及Galaxy S10上市当天销量的一半。

有分析师指出韩国5G发展之所以受阻，与5G手机用户数量的下降有直接的关系。

（2）5G网络覆盖率低

5G网络覆盖率低是全球5G发展面临的共同难题，但韩国表现尤甚。数据显示，韩国的5G三大运营商在2020年上半年共计投资了4万亿韩元（约33亿美元）用以扩展其5G网络覆盖，但远未达到用户使用要求。

OpenSignal曾在2020年2月1日到4月30日期间，收集21.8万部5G手机的使用情况。从报告结果来看，SK Telecom的5G手机用户有15.4%的时间在使用5G网络，LG U+的用户是15.1%，KT的用户连接只有12.5%，也就是说用户80%的时间都没有使用5G网络。

（3）5G网速不达预期

OpenSignal 2020年6月的报告称，在韩国三大运营商中，LG U+的5G网络下载速率最高只有237.2Mb/s，5G用户数最多的SK Telecom是220.4Mb/s，而KT的5G速率只有214.8Mb/s。这一数据远远落后于日本和欧洲的挪威。

除了韩国之外，我国、日本及阿拉伯地区也是亚洲地区的新晋代表。2019年6月6日，工信部发放5G的商用牌照，这意味着我国正式步入了商用5G时代。日本虽然还没有明确的行动，但政府已经制定关于布局5G网络相关政策，开始5G商用的准备工作。阿拉伯地区在沙特的引导下，有六个国家可能会优先推出5G网络。

当其他国家还在为5G做准备的时候，我国已经进入了5G时代，不仅提前布局，赢在了起跑线上，还迎头赶上步入了世界的最前端，为亚洲和全世界其他国家的5G发展奠定了基础。

12.3 欧洲：整体跌落，北欧独大

2019年是5G在全世界得以快速推广的关键一年，随着5G商用浪潮在欧美、亚洲国家的兴起，欧洲市场大多数国家也放弃再投资4G，将注意力转向5G。部分国家比如瑞士、英国已经推出了5G商用服务，更多国家表示在未来一到两年内也会推出。

欧洲诸国在发展5G上最有代表性的是北欧5国（瑞典、挪威、芬兰、丹麦和冰岛）和英国。北欧5国早在2018年就签订了5G发展的合作协议。

在北欧5国签订5G合作协议之后，采取了一系列措施，包括设立5G测试的设施，协调5G频段，解除5G部署的障碍，建立大量基站和天线等，取得了很大的成就，为推动欧洲5G的发展奠定了坚实的基础。北欧5国在发展5G上取得的成就如表12-1所示。

表12-1　北欧5国在发展5G上取得的成就

国家	成就
瑞典	2018年9月，爱立信生产出第一款5G手机。2019年3月，爱立信、沃尔沃和TELIA合作运行用于工业的5G网络
挪威	挪威的两个移动运营商TELENOR和TELIAWENT启动5G试点。2018年11月，TELENOR开始提供无线网络。2018年12月，TELIAWENT建立了两个5G网络基站
芬兰	2015年2月，芬兰国家技术研究中心和芬兰奥卢大学达成合作，计划在荷兰建立第一个5G试验网络。2018年9月，芬兰的三大运营商获得5G牌照

续表

国家	成就
丹麦	2019年3月，丹麦将爱立信确定为丹麦电信运营商的网络供应商。同年10月，丹麦推出5G网络服务，并计划在2020年底做到全国覆盖5G网络
冰岛	运营商Nova和华为合作测试5G，在华为的帮助下，Nova已经成功建立了5G基站和路由器

除了北欧5国之外，英国也跟紧步伐，采取了一系列措施。英国是继韩国、美国之后，全世界第三个实现5G商用的国家。英国有4大运营商，他们在第一时间推出了5G商用服务。

（1）EE

EE是英国电信公司旗下通信服务商，首家推出5G服务。截至2020年11月，已在英国的21个新城镇推出其5G服务。借助这些新城镇在全国71个地点提供5G技术。

（2）O2

英国电信运营商是在2019年10月启动5G商用的，并在2020年1月令5G覆盖的城市扩大到20个。该运营商称它的5G是对现有4G连接的补充——目前英国各地的1.9万个城市、城镇和村庄中均可获得其4G连接。为了有助于向5G迁移并提高覆盖范围，O2披露其每天在网络上的投资超过200万英镑。

（2）沃达丰

沃达丰推出的是基于非独立（NSA）技术的商用5G，即用现有的4G网络，进行改造、升级和增加一些5G设备，使网络可以让用户体验到5G的超高网速，又不浪费现有的设备。

5G网络架构在3GPP的R15版本中有两个阶段，第一个阶段发布的就是NSA，即Non-Standalone，非独立组网；第二阶段发布的是SA，即Stand Alone，独立组网，是一套全新的5G网络，包括全新的基站和核心网。NSA和SA的部署是不相同的。

（4）Three

Three是英国的第四大运营商，用户规模最小，近几年销售额同比下降，日渐式微，拥有的基站数量也不及其他运营商，明显落后于EE和沃达丰，但即使这样也于2019年8月19日及时开通5G服务，因为它有自身的优势，那就是5G频谱资源。在3.5GHz频段上，Three拥有连续的100MHz带宽，而其他两家移动运营商只有40MHz或50MHz带宽。依托于丰富的5G频谱资源，通过5G固定无线先发抢占家庭宽带市场，更符合Three的5G战略。

尽管北欧5国和英国的5G都发展得有声有色，不过业内人士仍不看好5G在欧洲市场的发展前景，认为很难迅速推广开来。理由是5G需要追加大量的投资，而欧洲运营商的利润率低于其他地区，因此缺乏做出如此巨大投资的意愿。

衡量一个国家和地区5G的实力，通常是从5个维度进行的，具体如图12-4所示。

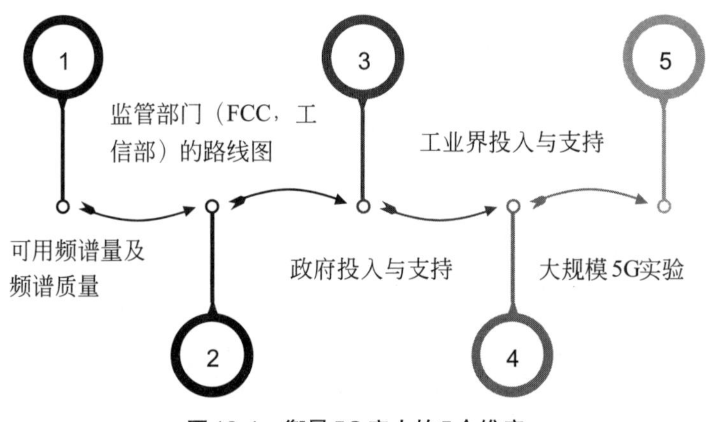

图12-4　衡量5G实力的5个维度

而在这5个维度上，欧洲国家可以说都没有达到标准，频谱资源匮乏、基站设备少、投入力度小、监管严格等，这些问题压制着各大运营商的投资动力，使得它们在5G研究开发和商业化布局上的进展缓慢。

5G发展得如何，很大程度上取决于运营商，运营商积极性不高，发展必然缓慢，反之就会很快。其实，这个问题在欧洲的4G时代和5G时代形成了鲜明对比。

欧洲有研究机构对29个国家在2011年至2018年期间，4G的发展情况做了评估分析，发现比预期要好很多。2016年，在欧洲使用4G网络的消费者已高达90%，而且由于运营商提供了更高的速率和更低的延迟，消费者体验更好，下载速率平均从2011年的2Mb/s增加到了2018

年的37Mb/s。

总体来说，4G时代让欧洲用户得到了非常好的体验。这是为什么呢？原因就在于运营商竞争少，尽管在此期间移动设备的性能不够完美，但在运营商较少的地区的市场上，基站、频谱等通信资产得到了最有效的利用，产生更高的回报，因此运营商有能力在网络中投入更多资金。

而到了5G时代，基站、频谱等通信资源要求必须建设得非常完善，同时，建设完善的5G网络需要巨额投资，这就要求运营商必须有高涨的参与激情和巨资投入。加大网络运营商投资和网络建设，政府要从正面表示出对建设5G的支持，出台一些政策，降低运营商的花费，不要因为政府的模糊态度影响到运营商工作的进程。政府对运营商多一些信任，运营商才能对5G的研发更加大胆。

欧洲国家5G的发展关键在于政府的态度和政策，只要政府快速重视，给予大力支持，在资金和政策上信任运营商，那么欧洲通信行业的发展还会飞速进步，跻身5G研发第一梯队。